班组安全行丛书

U0173915

焊接安全知识

（第三版）

王长忠　主编

中国劳动社会保障出版社

图书在版编目（CIP）数据

焊接安全知识／王长忠主编. -- 3 版. -- 北京：中国劳动社会保障出版社，2022

（班组安全行丛书）

ISBN 978-7-5167-5559-4

Ⅰ.①焊…　Ⅱ.①王…　Ⅲ.①焊接-安全技术　Ⅳ.①TG408

中国版本图书馆 CIP 数据核字（2022）第 155539 号

中国劳动社会保障出版社出版发行

（北京市惠新东街 1 号　邮政编码：100029）

*

三河市华骏印务包装有限公司印刷装订　新华书店经销

880 毫米×1230 毫米　32 开本　6.75 印张　152 千字
2022 年 9 月第 3 版　2022 年 9 月第 1 次印刷
定价：**24.00 元**

读者服务部电话：（010）64929211/84209101/64921644
营销中心电话：（010）64962347
出版社网址：http://www.class.com.cn

内容简介

 本书以问答的形式讲述了焊接作业的基本知识，内容包括焊接安全一般知识，焊接安全用电知识，焊割作业防火、防爆知识，气焊与气割安全知识，电弧焊、高能束焊和其他焊接与切割安全知识，特殊焊接作业安全知识，焊接安全防护知识七部分。

 本书叙述简明扼要，内容通俗易懂，并配有一些事故案例。本书可作为班组安全生产教育培训的教材，也可供从事焊接作业的有关人员参考、使用。

 本书由王长忠主编，李明强为副主编，金海阔、邢伟、周治林、吴淑锋参与编写。

前言

　　班组是企业最基本的生产组织，是实际完成各项生产工作的部门，始终处于安全生产的第一线。班组的安全生产，对于维持企业正常生产秩序，提高企业效益，确保职工安全健康和企业可持续发展具有重要意义。据统计，在企业的伤亡事故中，绝大多数属于责任事故，而 90% 以上的责任事故又发生在班组。可以说，班组平安则企业平安，班组不安则企业难安。由此可见，班组的安全生产教育培训直接关系企业整体的生产状况乃至企业发展的安危。

　　为适应各类企业班组安全生产教育培训的需要，中国劳动社会保障出版社组织编写了"班组安全行丛书"。该丛书自出版以来，受到广大读者朋友的喜爱，成为他们学习安全生产知识、提高安全技能的得力工具。其间，我社对大部分图书进行了改版，但随着近年来法律法规、技术标准、生产技术的变化，不少读者通过各种渠道给予意见反馈，强烈要求对这套丛书再次进行改版。为此，我社对该丛书重新进行了改版。改版后的丛书共包括 17 种图书，具体如下：

　　《安全生产基础知识（第三版）》《职业卫生知识（第三版）》《应急救护知识（第三版）》《个人防护知识（第三版）》《劳动权益与工伤保险知识（第四版）》《消防安全知识（第四版）》《电气安全知识（第三版）》《危险化学品作业安全知识》《道路交通运输安全知识（第二版）》《金属冶炼安全知识（第二版）》《焊接安全知识

（第三版）》《起重安全知识（第二版）》《高处作业安全知识（第二版）》《有限空间作业安全知识（第二版）》《锅炉压力容器作业安全知识（第二版）》《机加工和钳工安全知识（第二版）》《企业内机动车辆安全知识（第二版）》。

该丛书主要有以下特点：一是具有权威性。丛书作者均为全国各行业长期从事安全生产、劳动保护工作的专家，既熟悉安全管理和技术，又了解企业生产一线的情况，所写内容准确、实用。二是针对性强。丛书在介绍安全生产基础知识的同时，以作业方向为模块进行分类，每分册只讲述与本作业方向相关的知识，因而内容更加具体，更有针对性。班组可根据实际需要选择相关作业方向的分册进行学习。三是通俗易懂。丛书以问答的形式组织内容，而且只讲述最常见、最基本的知识和技术，不涉及深奥的理论知识，因而适合不同学历层次的读者阅读使用。

该丛书按作业内容编写，面向基层，面向大众，注重实用性，紧密联系实际，可作为企业班组安全生产教育培训的教材，也可供从事安全生产工作的有关人员参考、使用。

目录

12

焊接安全一般知识

1. 什么是特种作业和特种作业人员?

特种作业是指容易发生事故,对操作者本人、他人的安全、健康及设备、设施的安全可能造成重大危害的作业。金属焊接、切割作业,压力容器作业,登高架设作业等均属特种作业。直接从事特种作业的人员称为特种作业人员。

《特种作业人员安全技术培训考核管理规定》对焊工必须具备的基本条件及培训、考核和上岗等均进行了明确的规定。

2. 为什么金属焊接、切割属于特种作业呢?

在金属焊接、切割操作过程中,焊工需要接触各种可燃、易爆气体、氧气瓶和其他高压气瓶,需要用电和使用明火,而且有时需要焊补燃料容器、管道,需要登高或水下作业,或者需要在密闭的金属容器、锅炉、船舱、地沟、管道内工作。因此,焊接作业是有一定的危险性的,容易发生火灾、爆炸、触电、高空坠落等灾难性事故。此外,焊接作业还有弧光、有毒气体与烟尘等有害物质,这些有害物质会伤害焊工身体。所以,焊接作业容易发生焊工及其他人员的伤亡事故,对周围设施有重大危害,可以造成财产与生产的巨大损失。因此,我国将焊接、切割作业定为特种作业。

3. 特种作业人员必须具备哪些基本条件？

（1）年满 18 周岁，且不超过国家法定退休年龄。

（2）经社区或者县级以上医疗机构体检健康合格，且无妨碍从事相应特种作业的器质性心脏病、癫痫病、美尼尔氏症、眩晕症、癔症、震颤麻痹症、精神病、痴呆症以及其他疾病和生理缺陷。

（3）具有初中及以上文化程度。

（4）具备必要的安全技术知识与技能。

（5）符合相应特种作业规定的其他条件。

4. 对特种作业人员的培训、考核和发证有哪些规定？

（1）特种作业人员应当接受与其所从事的特种作业相应的安全技术理论培训和实际操作培训。已经取得职业高中、技工学校及中专以上学历的毕业生从事与其所学专业相应的特种作业，持学历证明经考核发证机关同意，可以免予相关专业的培训。

（2）参加特种作业操作资格考试的人员，应当填写考试申请表，由申请人或者申请人的用人单位持学历证明或者培训机构出具的培训证明向申请人户籍所在地或者从业所在地的考核发证机关或其委托的单位提出申请。考核发证机关或其委托的单位收到申请后，应当在60 日内组织考试。

（3）特种作业操作资格考试包括安全技术理论考试和实际操作考试两部分。考试不及格的，允许补考 1 次。经补考仍不及格的，重新参加相应的安全技术培训。

（4）考核发证机关或其委托承担特种作业操作资格考试的单位，应当在考试结束后 10 个工作日内公布考试成绩。

（5）收到申请的考核发证机关应当在 5 个工作日内完成对特种作业人员所提交申请材料的审查。

（6）对已经受理的申请，考核发证机关应当在 20 个工作日内完成审核工作。符合条件的，颁发特种作业操作证。特种作业操作证有效期为 6 年，在全国范围内有效。

5. 特种作业操作证的复审内容包括哪些?

（1）特种作业操作证每 3 年复审 1 次。

（2）特种作业人员在特种作业操作证有效期内，连续从事本工种 10 年以上，严格遵守有关安全生产法律法规的，经原考核发证机关或者从业所在地考核发证机关同意，特种作业操作证的复审时间可以延长至每 6 年 1 次。

（3）特种作业操作证需要复审的，应当在期满前 60 日内，由申请人或者申请人的用人单位向原考核发证机关或者从业所在地考核发证机关提出申请，并提交下列材料：

1）社区或者县级以上医疗机构出具的健康证明。

2）从事特种作业的情况。

3）安全培训考试合格记录。

（4）特种作业操作证申请复审或者延期复审前，特种作业人员应当参加必要的安全培训并考试合格。

安全培训时间不少于 8 个学时，主要培训法律、法规、标准、事故案例和有关新工艺、新技术、新装备等知识。

（5）申请延期复审的，经复审合格后，由考核发证机关重新颁发特种作业操作证。特种作业人员有下列情形之一的，复审或者延期复审不予通过：

1）健康体检不合格的。

2）违章操作造成严重后果或者有 2 次以上违章行为，并经查证确实的。

3）有安全生产违法行为，并给予行政处罚的。

4）拒绝、阻碍安全生产监管监察部门监督检查的。

5）未按规定参加安全培训，或者考试不合格的。

特种作业操作证复审或者延期复审，按照《特种作业人员安全技术培训考核管理规定》有以上情形的（健康体检不合格的除外），可重新经安全培训考试合格后，再办理复审或者延期复审手续。

（6）延期复审仍不合格，或者未按期复审的，特种作业操作证失效。

6. 对特种作业人员的监督管理有哪些要求？

（1）考核发证机关应当加强对特种作业人员的监督检查，发现有下列情形之一的，及时撤销特种作业操作证：

1）超过特种作业操作证有效期未延期复审的。

2）特种作业人员的身体条件已不适合继续从事特种作业的。

3）对发生生产安全事故负有责任的。

4）特种作业操作证记载虚假信息的。

5）以欺骗、贿赂等不正当手段取得特种作业操作证的。

特种作业人员违反以上第 4）项、第 5）项规定的，3 年内不得再次申请特种作业操作证。

（2）有下列情形之一的，考核发证机关应当注销特种作业操作证：

1）特种作业人员死亡的。

2）特种作业人员提出注销申请的。

3）特种作业操作证被依法撤销的。

7. 焊接与切割人员在独立上岗作业前有何要求?

焊接与切割人员在独立上岗作业前，必须经过国家规定的专门的安全技术理论和实际操作培训、考核。考核合格取得相应操作证者，方准独立作业。焊接与切割作业人员必须做到持证上岗，严禁无证操作。

◎**事故案例**

某年 2 月 14 日下午，某市一百货大楼，为扩大营业面积，在主楼东侧原为一层的家具部上面加层扩建。施工过程中，董某在进行电弧焊时，熔渣落在家具部一人多高的海绵床垫上，将床垫引燃。起火后，由于在场的人员均不会使用灭火器，也没有及时报警，且家具部所用的装饰材料全部是易燃物，导致大火很快就窜上了房顶。随后赶到的消防救援人员奋战 3 个多小时，才将大火扑灭。

这次特大火灾损失惨重，死亡 80 人，受伤 55 人，直接经济损失达 400 万元。

这起事故的直接肇事人董某是未经培训、考核的无证操作人员，施焊前对施工现场存有的可燃物海绵床垫没有采取任何隔离等防护措施，起火后现场人员又缺乏必要的灭火安全知识，因此，海绵床垫着火后任其燃烧，灾情不断扩大。

8. 对焊接与切割作业人员的考核包括哪些内容?

焊接与切割作业人员考核包括安全技术考核与实际操作技能考核两部分。经考核成绩合格后，方具备发证资格。凡属新培训的特种作业人员经考核合格后，一律领取应急管理部统一制发的特种作业操作证（IC 卡）。

9. 焊接与切割作业人员变动工作单位，对持有特种作业操作证人员有何要求?

焊接与切割作业人员离开岗位 6 个月以上，应当重新进行实际操作考试，经确认合格后方可上岗作业。

若在劳动合同期满后变动工作单位的，原工作单位不得以任何理由扣押其特种作业操作证。

特种作业人员不得伪造、涂改、转借、转让、冒用特种作业操作证或者使用伪造的特种作业操作证。

特种作业人员伪造、涂改特种作业操作证或者使用伪造的特种作业操作证的，给予警告，并处 1 000 元以上 5 000 元以下的罚款。

特种作业人员转借、转让、冒用特种作业操作证的，给予警告，并处 2 000 元以上 10 000 元以下的罚款。

10. 焊工为什么要熟悉焊接安全知识?

安全技术就是为了防止工伤、火灾、爆炸等事故的发生，创造良好的安全劳动条件而采取的各种技术措施。如推广安全操作方法，消除危险的工艺措施，对机器设备安装防护装置和联锁的声光信号等措施，统称为安全技术。

焊工熟悉焊接安全防护知识是做好焊接工作的必要条件。为了保证焊工安全操作，避免人身伤亡和设备损坏等事故，每个焊接工人必须熟悉安全防护知识，自觉遵守安全操作规程。

11. 焊接安全生产有哪些重要意义?

焊接操作属于特种作业,要与各种易燃易爆气体、压力容器和电动机、电器等接触,焊接过程中又会产生有毒气体、有害粉尘、弧光辐射、高频电磁场、噪声和射线等。由于存在上述多种不安全因素,因此有可能发生爆炸、火灾、烫伤、中毒(急性中毒)、触电和高空坠落等工伤事故及焊工尘肺、慢性中毒(如锰中毒、金属蒸气中毒等)、血液疾病、电光性眼病和皮肤病等职业病,严重危害着焊工及其他生产人员的安全和健康。

因此,使广大焊工及其他生产人员深刻了解焊接安全技术,熟知在焊接过程中可能发生不幸事故和职业病的原因,以及消除工伤事故和职业危害的各项技术措施和组织措施,显得十分重要。

12. 生产区域内"十四个不准"是什么?

(1)加强明火管理,防火、防爆区内不准吸烟。

(2)生产区内不准带进小孩。

(3)禁火区内不准无阻火器的车辆行驶。

(4)上班时间不准睡觉、干私活、离岗和干与生产无关的事。

(5)在班前、班上不准喝酒。

(6)不准使用汽油等挥发性强的可燃液体擦洗设备、用具和衣物。

(7)不按企业规定穿戴劳动防护用品(包括工作服、工作帽、工作鞋等),不准进入生产岗位。

(8)安全装置不齐全的设备不准使用。

(9)不是自己分管的设备、工具不准动用。

（10）检修设备时安全措施不落实，不准开始检修。

（11）停机检修后的设备，未经彻底检查不准启动。

（12）不系安全带，不准登高作业。

（13）脚手架、跳板不牢，不准登高作业。

（14）石棉瓦上不固定好跳板，不准登石棉瓦作业。

13. 化工生产区域为何不准吸烟？

把烟头随意乱丢，碰到可燃物质，就有可能酿成灾害，这是大家都知道的常识问题。但是，有的人却认为："小小一个烟头，何必大惊小怪！"因此又往往麻痹大意，掉以轻心。要求不乱丢烟头，难道是真的"大惊小怪"吗？

物质燃烧的原理告诉我们，温度是燃烧不可缺少的条件之一。刚吸完的烟头，体积虽小，却是一个燃烧着的物体，温度很高。据测定，其表面温度在 200~300 ℃，中心温度高达 700~800 ℃。而一般可燃物质的燃点都在这个温度以下，如棉花为 150 ℃，纸张为 130 ℃，麻绒为 150 ℃，布匹为 200 ℃，涤纶纤维为 390 ℃，松木为 250 ℃，麦草为 200 ℃等。当烟头这种火源与这些可燃物质接触时，很有可能把这些物质加热到它们的燃点而引起燃烧。如果烟头遇到易燃气体、易燃液体，危险就更大了，因为易燃气体和易燃液体挥发出来的蒸气与空气混合后能够形成爆炸性混合物，遇到一点火星，就会引起燃烧、爆炸。

◎ **事故案例（1）**

某年 12 月 3 日 10 时许，某市石油化工厂一原矿车间，一运输工在工作现场吸烟，将烟头随意扔掉之后席地而睡，恰好烟头落到带油污的破布上，引起着火。他被浓烟呛醒后，慌忙起身，错误地把门打开，意欲灭火。随着新鲜空气的补充，火势扩大，导致车间操作室全部被烧毁。

◎**事故案例（2）**

一操作工在给一台槽车充装液化石油气时，将车顶防空阀打开直接排空（应将排空管接入火炬管线或低压瓦斯管网），大量外溢的液化石油气与空气形成爆炸性混合气体，此时遇一工人在附近违章吸烟，立即发生爆炸。爆炸引燃了堆放在站台上的 120 桶 205 号航空润滑油，以及沥青堆场附近的房屋，并造成 6 人伤亡。

14. 焊工进入容器设备内的"八个必须"是什么？

（1）必须申请，并得到批准。

（2）必须进行安全隔绝。

（3）必须进行置换、通风。

（4）必须按时间要求进行安全分析。

（5）必须佩戴规定的防护用具。

（6）必须在容器外有人监护。

（7）监护人员必须坚守岗位。

（8）必须有抢救后备措施。

15. 焊接动火六大禁令是什么？

（1）没有获批准的动火证，在任何情况下严格禁止动火。

（2）没与生产系统隔绝，严格禁止动火。

（3）清洗、置换不合格，严格禁止动火。

（4）不把周围易燃物消除，严格禁止动火。

（5）不按时做动火分析，严格禁止动火。

（6）没有消防措施，无人监护，严格禁止动火。

16. 化工生产区焊接作业，为何要引起足够的重视？

化工生产区是大量使用各种化工原料，生产各类化工产品的场所。而且，化工生产一般在高温、高压或深冷、负压等特殊条件下进行。在生产区内，分布各处的工艺装置，彼此通过各种管道连接，构成了一个相互关联、相互制约的复杂的化工生产整体，并且长期连续运转。不仅操作人员直接置身于高压、易燃、易爆、有毒、有害的环境中进行生产操作，而且维修安装人员也常常在高空及各类容器、管道内外进行作业。此外，在生产过程中有大量易燃、易爆、有害、有毒的化工原料和化工产品在生产区内吞吐集散。无论在任何一个工作面上，哪怕只有一个人违反操作规程或违反某项安全制度，都有可能发生生产设备、化工原料、成品或半成品的燃烧、爆炸事故或者人员中毒事故，严重的可造成厂毁人亡的后果。

◎**事故案例**

某年 5 月 6 日，某化工厂水汽车间要对冷却塔配水池进行动火，而塔内装有易燃聚丙烯填料，属一类动火区域。但车间没有按规定办理动火证，车间主任和安全员也未到现场全面检查，并在没有采取任何安全措施的情况下，擅自决定将已过期的动火证延期一天使用，致使动火气割时，熔渣穿过旧石棉布掉进冷却塔聚丙烯填料中，引起大火。10 座冷却塔中，近 5 座冷却塔内的聚丙烯填料及部分金属支架被烧毁，5 台风机受到不同程度的损坏，直接经济损失达 54.29 万元，事故责任者受到了法律制裁。

在一类动火区域气割用火必须按规定办理动火证，过期的动火证必须重新审批签发，不准擅自延期使用。有关人员必须到动火现场查看，全面落实各项安全措施，如清除动火点周围的易燃物，采取安全防火隔离措施，安排专人进行安全监护，配备消防灭火器材，编制灭火预案等。

17. 焊工在检修化工设备时，有哪些危险性?

化工设备检修是化工生产中的一项重要工作。化工设备与一般机械设备不同，生产设备中多有易燃、易爆、有毒、有害的物质，和一般机械设备检修相比具有更大的危险性，有可能发生中毒、灼伤、火灾、爆炸等重大事故，同时，设备检修前，需要拆除保温填料，卸掉触媒，与生产系统隔绝，清洗和置换设备中易燃、易爆和有毒、有害物质，这些都是比较危险的工作。此外，对于化工设备中的高、大、重设备，在检修中危险性较大的登高和起重作业常常是不可避免的。此外，化工设备都互相连接、串通，有的需要检修的设备与正在生产的设备连接在一起，一边生产，一边检修，也给检修工作带来麻烦和危险。事故统计结果表明，检修中发生的事故，在所有化工生产事故中占有较大比例，主要是火灾、爆炸、中毒、灼伤、高空坠落、起重伤害等。

◎ **事故案例**

某年 7 月 25 日，某市石油七厂热裂化车间废酸工段的油水分离罐管道堵塞需要动火检修。此分离罐距离油池只有几米远，罐周围地面上油污等易燃物很多，动火前未采取安全隔离措施，也没有认真清除油污，动火中火花落在地面油污上，引起地面着火，并迅速蔓延到 5 000 m³ 的隔油池内形成大火，燃烧了 1 个多小时后，池内油基本烧尽，火才被扑灭，损失 1.3 万元，导致停产 6 h。

第二部分 焊接安全用电知识

18. 焊接设备带电的部分包括哪些?

焊接设备带电的部分包括两部分：一是输入电源，即动力电源，通常电压为 220 V 或 380 V；二是输出电源，即工作电源，通常空载电压为 60~90 V。

◎相关知识

焊接作业触电事故的危险程度与通过人体的电流大小、持续作用时间、途径、频率及人体的健康状况等因素有关。

（1）触电的危险程度主要决定于触电时流经人体电流的大小。根据实验研究，人体在触及工频（50 Hz）交流电后能自主摆脱电源的最大电流约为 1 mA。这时人体有麻痹的感觉。若达到 20~25 mA 则有麻痹和剧痛的感觉且呼吸困难，随着流过人体电流的增大，致死的时间就会缩短。电击致死的主要原因是电流引起心室颤动或窒息造成的。

夏季人体多汗、皮肤潮湿，或沾有水、皮肤有损伤、有导电粉尘时，人体电阻（通常为 1 000 Ω 以上）均会降低，因此极易发生触电伤亡事故。若电流大小超过人体的摆脱电流值，触电者就不能自主摆脱电源，在无救援情况下，也会立即造成死亡，国内发生过 36 V 电压电击死人的事故。所以，在多汗、潮湿、狭小空间内更要重视用电安全，采取有针对性的安全措施，预防焊接触电事故发生。

（2）电流流经人体持续时间越长，对人体危害越大。因此发生触电时，应立即使触电者迅速与带电体脱离。

（3）电流通过人体是否流经心脏、中枢神经系统和呼吸系统，对触电的危险性有很大影响。人体触电时，最危险的途径是电流从人体的左手到右脚。

（4）直流电流、高频电流和冲击电流对人体都有伤害作用，但以工频（50 Hz）电流危险性最大，直流电的危险性相对小于交流电。

（5）人体的健康状况对触电的危险性有很大关系。凡患有心脏病、肺病和神经系统等疾病的人，触电会引发更大的危险。

19. 通过人体的安全电流是多少？

通过人体的电流越大，引起心室颤动所需的时间越短，致命危险越大。工频交流电约 1 mA 即能引起人体的麻痹，但尚能自主摆脱带电体，此种情况下电流值称为安全电流值。

当流经人体的电流值超过安全电流值时，如工频交流电 20 ~ 25 mA 或直流电 80 mA 以上，人会昏迷、有剧痛和呼吸困难，不能自主摆脱电源，甚至有生命危险。

在有防止触电保护装置（如熔断器、漏电开关等）的情况下，人体允许电流一般可按 30 mA 考虑。一般认为 30 mA 以下不会有生命危险，但在水中等可能因电击造成严重二次事故，人体允许电流应按不引起强烈痉挛的 5 mA 考虑。即使是安全电流，长时间通过人体也是危险的。

通过人体的电流，决定于外加电压和人体电阻，人体电阻的阻值变化较大，人体表皮有 0.05~0.20 mm 厚的角质层，具有较高的电阻，但角质层容易被破坏。角质层被破坏后皮肤的电阻大大降低，通常为 800~1 000 Ω。除去皮肤，人体电阻下降为 600~800 Ω。因而，皮肤如潮湿、多汗或有水、有损伤或带有导电性粉尘，均会降低人体电阻，接触面积加大也会使人体电阻下降。

在人体电阻相同的条件下，通过人体电流的大小，取决于人体所接触到的电压高低。电压越高，电流就越大，触电的危险性也越严重；电压越低，电流越小，触电的危险性也就越小。

◎ **相关知识**

电流引起人的心室颤动是触电致死的主要原因。心脏好比是一个促使血液循环的泵，当外来电流通过心脏时，原有的正常工作受到破坏，由正常跳动变为每分钟数百次以上细微的颤动，即心室颤动。发生心室颤动时，由于颤动极细微，心脏不再起压送血液的作用，即停止血液循环。

20. 电流对人体的伤害有哪三种形式？

电流对人体的伤害有三种形式：电击、电伤和电磁场生理伤害。

电击是指电流通过人体内部，破坏人的心脏、肺及神经系统的正常功能所造成的伤害。

电伤是指电流的热效应、化学效应或机械效应对人体的伤害，主要是指电弧烧伤、熔化金属溅出烫伤等。

电磁场生理伤害是指在高频电磁场的作用下，使人出现头晕、乏力、记忆力减退、失眠、多梦等神经系统的症状。

人们通常所说的触电事故，基本上是指电击，绝大多数触电死亡主要是电击造成的。

21. 什么是高压、低压和安全电压?

交流电压大于或等于 1 000 V 为高压，交流电压低于 1 000 V 为低压。

交流电压低于 40 V，为安全电压，我国通常采用 36 V、24 V 和 12 V 为安全电压。

◎ **相关知识**

通过人体的电流决定于外加电压和人体电阻，人体电阻一般不低于 1 000 Ω，在最不利的情况下，人体电阻一般仍不低于 650 Ω。所以在一般情况下，人体电阻可按 1 000~1 500 Ω 考虑。影响人体电阻的因素很多，除皮肤厚薄外，皮肤潮湿、多汗、有损伤、带有导电性粉尘都会降低人体电阻；接触面积加大、接触压力增大，也会降低人体电阻；通过电流加大、通电时间加长，会增加发热出汗，也会降低人体电阻。

通常通过人体的电流是不可能事先计算出来的。因此，为确定安全条件，不按"安全电流"而按"安全电压"来估算。由于在不同环境条件下人体电阻相差很大，而电对人体的作用是以电流大小来衡量的，所以不同环境条件下的安全电压各不相同。

对于触电危险性较大但比较干燥的环境（如在锅炉里焊接，四周都是金属），人体电阻可按 1 000~1 500 Ω 考虑，流经人体的允许电流可按 30 mA 考虑，则安全电压 $U = 30 \times 10^{-3} \times (1\,000~1\,500) = 30~45$ V，我国规定为 36 V。凡危险及特别危险环境里的局部照明行灯、危险环境里的手提灯、危险及特别危险环境里的携带式电动工具，均应采用 36 V 安全电压。

对于触电危险性较大而又潮湿的环境（如阴雨天在金属容器里

焊接），人体电阻应按 650 Ω 考虑，则安全电压 $U = 30 \times 10^{-3} \times 650 = 19.5$ V，我国规定在潮湿、窄小而触电危险性较大的环境中，安全电压为 12 V。凡特别危险环境里以及在金属容器、矿井、隧道里的手提灯，均应采用 12 V 安全电压。

对于在水下或其他由于触电会导致严重二次事故的环境中，流经人体的电流应按不引起强烈痉挛的 5 mA 考虑，则安全电压 $U = 5 \times 10^{-3} \times 650 = 3.25$ V。我国对此尚无规定，国际电工标准规定为 2.5 V 以下。

安全电压能限制触电时通过人体的电流在较小的范围内，从而在一定程度上保障人身安全。

22. 电弧焊接时，触电事故的种类有哪些？

电弧焊接时，触电事故的种类有单相触电和双相触电。

单相触电是指人体触及带电体时，电流由带电体经人体、大地形成回路，从而导致人体遭电击。单相触电事故多发生在夏季，因为夏季人体出汗多，降低了人体电阻，导致触电电流增大。

双相触电是指人体因操作不慎而触及两相电源，这类事故在电弧焊接中虽不易发生，但应清醒地认识到，发生双相触电是很危险的。

23. 焊接作业发生触电的危险因素有哪些？

（1）焊割作业场所经常变动，如在高空焊割作业时，工作环境周围有高压或低压电网、裸导线等；在水下焊接或切割（如喷水式水下电弧切割）时，人体电阻显著降低；阴雨天在室外焊割作业或在地沟里站在泥泞潮湿地等的焊割作业，都增加了触电的危险性。

（2）焊接电源是与 220/380 V 电力网路连接的，人体一旦接触这部分电气线路（如焊机的插座、开关或破损的电源线等），就很难摆脱。

◎**事故案例**

某厂的一台焊机电源插座的胶木盒有裂纹，焊工在操作中举起棒料时，棒料的一端碰碎胶木盒，触及接线柱，人遭电击，经抢救无效死亡。

（3）焊机的空载电压大多超过安全电压，但由于电压不是很高，因此容易忽视这一隐患。另外，由于焊工在操作中与这部分电气线路接触的机会较多（如焊钳或焊枪、焊件、工作台和电缆等），因此它是焊接触电伤亡事故的主要危险因素。为了说明其危险性，我们以焊条电弧焊机空载电压（70 V 左右）为例进行分析。在更换焊条时，如果焊工的手触及焊钳口，则通过一只手和两只脚形成一个回路。假如焊工的手与焊钳口接触良好（接触面积大，手抓得紧），人体电阻 R_r 约为 1 000 Ω，此时通过人体的电流 I_r 为：

$$I_r = U/R_r = 70/1\ 000 = 0.07\ A = 70\ mA$$

但是一般情况下电流强度达不到这个值，因为焊工的手不可能抓得很紧和达到大面积接触，而且还要加上鞋袜的接地电阻。如果穿模压底干燥安全鞋，电阻可达 10 000 Ω，两只鞋平行，并联电阻为 5 000 Ω，加上人体电阻 1 000 Ω，则通过人体的电流为：

$$I_r = U/R_r = 70/6\ 000 \approx 0.012\ A = 12\ mA$$

这时焊工手部会感到轻度抽搐，但能够扔掉焊钳。

焊接触电伤亡事故大多发生于以下不利情况：夏天身上出汗或在潮湿地操作，鞋袜潮湿，鞋底又薄等。此时的电阻由 6 000 Ω（干燥环境）将降为 1 600 Ω 左右，焊工的手一旦接触焊钳口，通过人体的电流则为：

$$I_r = U/R_r = 70/1\,600 \approx 0.044\ A = 44\ mA$$

这时焊工的手部会发生痉挛，甚至不能自主摆脱，这样就会有生命危险。

◎**事故案例（1）**

某厂有位焊工躺在卡车底盘下进行仰焊作业，身体压在焊接电缆上，因电缆绝缘层破损，又加上夏季天气炎热，工作服湿透，故造成电击，经抢救无效死亡。

◎**事故案例（2）**

某船厂有位焊工在船舱操作，因气温高而且通风不好，身上大量出汗，帆布工作服和皮手套已湿透，在更换焊条时触及焊钳口，造成电击事故，发现后经抢救无效死亡。

◎**事故案例（3）**

某厂需焊补锅炉的水箱，焊工启动焊机后，把焊钳夹在腋下，登着钢梯爬上水箱时，因遭电击身体痉挛，从高处摔下。

应当强调指出，登高的焊工作业者还会因触电发生痉挛、麻木和惊慌等，从高处跌落，造成二次事故。

（4）焊机和电缆由于经常性的超负荷运行，粉尘和酸碱蒸气的腐蚀，以及室外工作时常受风吹、日晒、雨淋等，绝缘层易老化变质，容易出现焊机和电缆的漏电现象，而发生触电事故。

24. 按触电的危险性，工作环境怎样进行分类？

焊工需要在不同的工作环境中操作，因此应当了解和考虑到工作环境，如潮气、粉尘、腐蚀性气体或蒸气、高温等条件的不同，选用合适的工具和不同电压的照明灯具等，以提高安全可靠性，防止发生触电。按照触电的危险性，工作环境可分为以下三类。

（1）普通环境。这类环境的触电危险性较小，一般应具备以下条件：

1）干燥（相对湿度不超过75%）。

2）无导电粉尘。

3）有木料、沥青或瓷砖等非导电材料铺设的地面。

4）金属物品所占面积与建筑物面积之比小于20%。

（2）危险环境。凡具有下列条件之一者，均属危险环境：

1）潮湿（相对湿度超过75%）。

2）有导电粉尘。

3）用泥、砖、湿木板、钢筋混凝土、金属或其他导电材料制成的地面。

4）金属物品所占面积与建筑物面积之比大于20%。

5）炎热、高温（平均温度经常超过30 ℃）。

6）人体能够同时接触接地导体和电器设备的金属外壳。

（3）特别危险环境。凡具有下列条件之一者，均属特别危险环境：

1）特别潮湿（相对湿度接近100%）。

2）有腐蚀性气体、蒸气、煤气或游离物。

3）同时具有上列危险环境中的两个以上条件。

锅炉房，化工厂的大多数车间，机械厂的铸工车间、电镀车间和酸洗车间等，以及在容器、管道内和金属构架上的焊接操作，均属于特别危险环境。

25. 焊条电弧焊接时，产生触电事故的原因有哪些？

焊条电弧焊接时，产生触电事故的原因有直接电击和间接电击两种。

（1）直接电击是指人体直接接触焊接设备的带电体或靠近高压电网而发生的触电事故。发生直接电击主要有以下原因。

1）手或身体的某部位接触到焊条、焊钳的带电部分，而脚和身体的其他部分对地或金属结构之间无绝缘保护。在金属容器、管道及金属结构上的焊接或在阴雨天、潮湿地方的焊接以及焊工身体大量出汗时，容易发生这类触电事故。

2）在接线或调节焊接电流时，手或身体某部位触及接线柱、电极和绝缘破损的电缆线。

3）高处作业时，触及或靠近高压电线。

（2）间接电击是指人体触及意外带电体而发生的触电事故。意外带电体是指正常不带电，在绝缘损坏或电器线路发生故障时才带电的带电体，如漏电的弧焊机外壳、绝缘损坏的电缆等。发生间接电击有以下主要原因：

1）人体触及漏电的弧焊机外壳或绝缘破损的电缆。

2）一次绕组与二次绕组之间的绝缘损坏，使二次绕组带有一次侧电压，手或身体的某部位触及二次回路的裸导体。

3）利用厂房的金属结构、轨道、管道或其他金属物体作为焊接回路线而发生的触电事故。

◎**事故案例**

某造船厂1名女焊工在船舱内施焊，因气温高且通风不良，故身上大量出汗，帆布工作服和皮手套已湿透，在更换焊条时手触及焊钳口，因痉挛而仰面跌倒，焊钳落在颈部未能摆脱，造成触电，经抢救无效死亡。

由于电焊机的空载电压已超过安全电压，在焊工浑身出汗，工作服、皮手套和鞋袜湿透等不利条件下，一旦触及焊钳口，通过人体的电流能电击导致死亡。另外，由于其一个人单独进行工作，触电后未能及时被发现，电流通过人体的持续时间较长，使心脏、肺部等重要器官受到严重损伤，导致抢救无效死亡。

电焊机一般都应安装空载自动断电保护装置，尤其在船舱、地沟、金属容器内等作业环境狭小而触电危险性又较大的场所进行焊接作业时，并且在船舱内施焊应有监护，不应一个人单独进行工作。

26. 为什么在手套、衣服和鞋潮湿的情况下，焊工应禁止焊接作业？

焊接用电大多数超过安全电压，焊工在操作过程中接触焊钳、焊件、焊接电缆等机会较多，用电安全不可忽视。

通常焊工使用的焊机空载电压都在 70 V 以上，手与焊钳接触，脚穿绝缘鞋，两脚着地的电阻为 5 000 Ω，加上人体电阻 1 000 Ω，则通过的人体电流约为 12 mA，这时，焊工手部会有麻木感觉。

但是，如果在手套、衣服和鞋潮湿的情况下操作，此时，电阻降为 1 600 Ω，手一旦接触焊钳，通过人体的电流则约为 44 mA，这时，焊工的手部会发生痉挛，不能自主摆脱焊钳，这是很危险的。这种触电事故造成人员伤亡是有先例的，所以，焊工在手套、衣服和鞋潮湿的情况下，应禁止焊接作业。

◎ 事故案例

某厂热冲压车间 400 t 水压机停工后，检修工发现在地沟内通往操纵阀门的一段分支管道上有裂纹（此管的正常工作压力为 20 MPa），决定采用焊条电弧焊的方法进行补焊。

设备卸水后，一焊工从地沟口进入地沟，卧在沟内铺设的草垫上进行补焊。施焊一段时间后，身体出汗，人体电阻下降，地沟内狭窄且潮湿，又未采取可靠的绝缘保护措施，弧焊机又一直处于通电运行状态，此时该焊工需一根粗直径焊条，便从地沟内钻出，将焊条夹在电焊钳上后，准备进入地沟继续焊接。当其双腿跪在地沟内，其臂部紧靠在地沟口作为地线的铁框上，左手在前扶着地面，右手持焊钳举在右侧肩后，低着头往前爬时，带电的焊条端部不慎触及其右侧后颈部，当即呼叫一声，便失去知觉。此时，站在地沟口上的检修工闻声，立即跑到距离 8 m 远的弧焊机旁，拉下电闸。在附近工作的工人跑向地沟口，急忙将该焊工从地沟内拉出，立即实施人工呼吸，经长时间抢救，终因抢救无效死亡。

27. 防止焊工触电事故的安全措施有哪些?

（1）焊接设备和线路带电导体与地或外壳间，或相与相、线与线间，都必须有符合标准的绝缘，绝缘电阻不得小于 1 MΩ。

（2）在弧焊机上安装自动断电装置，使弧焊机引弧时电源开关自动闭合，停止焊接时电源开关自动断电，以保证焊工在更换焊条时避免触电。

（3）加强个人防护，应穿戴好防护用品，如绝缘手套、鞋等。

（4）保证人体接触漏电设备的金属外壳时，有良好的保护接地和保护接零，不发生触电事故。

28. 怎样使触电者脱离电源?

（1）关闭电源开关。

（2）切断导体。若一时找不到电源开关或根本无电源开关，可用绝缘物包住刀柄或剪刀把，用刀或剪刀切断电线。

（3）设法使触电者离开电源。如果找不到电源开关，又无锋利的工具切断电线，可用干燥的木棒、竹竿和拐杖等挑开触电者身上的电线，或将触电者通过拨、挑脱开电源。

（4）如上述三种方法都不便使用，在万不得已的情况下，可以用干燥的草绳或布带等套在触电者的身上，将触电者从电源处拉开，或者用干燥的厚衣服去间接接触触电者干燥的衣服，将其拉离电源。

（5）在抢救触电者的同时，还要注意触电者在离开电源时的安全，不要发生摔伤，尤其是在高处触电时，要做好安全防护工作。

（6）救护人员切勿用手直接与触电者肉体接触，以免也发生触电。

29. 触电急救最有效的方法是什么?

对触电者进行抢救时，运用有效的紧急抢救方法，有可能把焊工从遭受致命电击的死亡边缘抢救回来，通常采用人工呼吸法和心脏挤压法。

（1）人工呼吸法。人工呼吸法是在触电者伤势严重，呼吸停止时应用的急救方法。各种人工呼吸法中，以口对口人工呼吸法效果最好，而且简单易学，容易掌握。其操作要领如下：

1）使触电者仰卧，将其头部侧向一边，张开触电者的嘴，清除口中的血块、假牙、呕吐物等异物；解开衣领使其呼吸道畅通；然后使头部尽量后仰，鼻孔朝天，下颌尖部与前胸部大致保持在一条水平线上。

2）使触电者鼻孔紧闭，救护人深吸一口气后紧贴触电者的口向内吹气，为时约 2 s。

3）吹气完毕，立即离开触电者的口并松开触电者的鼻孔，让其自行呼气，为时约 3 s。如此反复进行。

（2）心脏挤压法。如果触电者呼吸没停而心脏跳动停止了，则应当进行胸外心脏挤压。应使触电者仰卧在比较坚实的地面或木板上，与上述人工呼吸法的姿势相同，操作方法如下：

1）救护人跪在触电者腰部一侧或骑跪在其身上，两手相叠。手掌根部放在离心窝稍高一点的地方，即两乳头间稍下一点，胸骨下 1/3 处。

2）掌根用力向下（脊背方向）挤压，压出心脏里面的血液。对成年人应压陷 3~4 mm，每秒钟挤压一次，每分钟挤压 60 次为宜。

3）挤压后掌根迅速全部放松，让触电者胸廓自动复原，血液充满心脏，放松时掌根不必完全离开胸廓。如此反复进行。

触电急救工作贵在坚持不懈，切不可轻率中止。急救过程中，如果触电者身上出现尸斑或僵冷，经医生做出无法救活的诊断后，方可停止抢救。

30. 电线超负荷为什么会发生火灾?

弧焊机的一次电源线，一般都用塑料或橡皮绝缘电线。电流在电线里流动时，电线会发热，温度会升高。电线超负荷，即通过电线的电流超过了安全载流量。因为电流在电线里的发热量与电流的平方成正比，如果电流增大为原来的 2 倍，发热量便增大到原来的 4 倍，严重超负荷时，会使整根电线的可燃绝缘层燃烧起来，并引燃附近的可燃物而造成火灾。

为了使电线不至于过度发热，人们对不同规格的电线，规定了不同的安全载流量，见表 2-1。

表 2-1　日常使用小截面电线的安全载流量　　单位：A

截面积/mm²	塑料绝缘电线		橡皮绝缘电线	
	铜	铝	铜	铝
1.0	17	—	18	—
1.5	21	—	23	—
2.5	28	22	30	24
4	37	28	39	30

在一般情况下，用于明线的电线，在周围环境温度为 35 ℃时，电线的容许温升为 30 ℃。选择电线时应注意，如果装置电线的场所温度高于 35 ℃，安全载流量需按一定的校正因素予以降低。此外，选择电线还要考虑电压降问题，使实际通过电线的电流小于安全载流量。

31. 电线超负荷有哪些原因?

（1）新装线路时，电线选得太细，通过电线的电流会超过安全载流量。

（2）在原有的线路上，任意增加或调大焊接设备。

（3）线路或焊接设备的绝缘损坏，发生严重的漏电或短路时，通过电线的电流会大大超过安全载流量。

（4）熔断器熔丝选用得不当，熔丝选得太细会经常熔断，不利于正常用电；反之，如果熔丝选得过粗，当线路或设备发生严重超负荷时仍不被熔断，会使电线和设备长期超负荷工作，必将烧坏绝缘并引起火灾。

32. 怎样避免电缆线损坏发生事故?

（1）不要让通过电缆线的电流超过电线的安全载流量。应根据用电负荷选用粗细适当的电线，在原有的线路上，不应任意增加或调大焊接设备。

（2）不要使电缆线受潮、受热、受腐蚀或碰伤、压伤，尽可能不让电缆线通过温度高、湿度大、有腐蚀性蒸气和气体的场所，防止因绝缘损坏而发生漏电或短路事故，电缆线装在容易被碰伤的地方应妥善保护。

（3）定期检查维修线路，有缺陷应立即修好，过分陈旧的电缆线必须换掉，确保线路的安全运行。

（4）焊接设备所用熔断器的熔丝要选择适当，电线超负荷达到一定程度时，熔丝应自动熔断，及时切断电流，防止发生事故，不应将熔丝任意调粗。

33. 为什么焊条电弧焊电缆用到一定"年龄"会起火?

焊条电弧焊用的电缆线是用铜、铝等导电体做的线芯，外面再包上橡胶或塑料等绝缘体。通电以后，电流在橡胶或塑料等绝缘的管壁内沿着铜、铝线芯流动，不致泄漏，安全可靠。

但是，电缆线使用一定时间，即到了一定的"年龄"后，由于受到空气和气温等因素的影响，橡胶、塑料等绝缘材料会逐渐"老化"破裂，失去绝缘作用。一般的电线在正常情况下，可以使用十几年，甚至二十几年。如果电线经常受热、受潮、受腐蚀或受到压伤、轧伤，就会加速"衰老"，提早失去绝缘作用。

当电线的绝缘体严重损坏时，有时两根线碰在一起，就会产生电弧和火花造成短路。这时，大量电流通过电线，产生高热，烧坏绝缘体并使附近的可燃物体着火燃烧。

34. 为什么电线（缆）接头不好会引起火灾?

凡是电线与电线连接都有接头。接通电流后，电流通过电线，接头和设备就会发热，这是正常现象。如果接头接得好，接触电阻不大，发热的程度和没有接头时一样，可保持正常的温度。如果接头接得不好，电线和电线没有绞紧焊好，电线接到设备的接线端子，没有用特制的接头或没有接好旋紧，连接处的接触电阻就会显著增大。电流的发热量是和电阻的大小成正比的，在同一回路，通过相同电流量的情况下，电阻越大，发热量就越大，温度越高，甚至高到使电线的绝缘被烧坏，使附着在电线上的粉尘、纤维着火，进而波及邻近的可燃物。如果接头很松，接触不良，通过电流时断时续便会发热和产生火花；接头没有用绝缘布包好，两个接头互相接近，往往会造成短路而产生电弧火花，将邻近的可燃物引燃而引起火灾。

35. 怎样规定弧焊机电源线的长度？

焊接设备应有良好的隔离防护装置，避免人与带电导体接触。各弧焊机设备之间及弧焊机与墙之间，至少应留 1 m 宽的通道。弧焊机的电源与插座连接的电源线电压较高，触电危险性大，弧焊机的接线端应在防护罩内。弧焊机电源线应设置在靠墙壁不易接触处，并且长度要适当。一般来说，电源线长度不得超过 3 m。当临时需要使用较长的电源线时，应采取间隔的安全措施，离地面 2.5 m 以上沿墙用瓷瓶布设，不应将其拖在地面上。

◎**事故案例**

某厂有一名焊工，因焊接工作地点距离插座较远，便将长电源线拖在地面上，并通过铁门。当其关门时，铁门挤破电源线的绝缘皮而带电，由于焊机的电源电压较高（380 V），该焊工触电身亡。

第三部分 焊割作业防火、防爆知识

36. 什么叫禁火区？在禁火区动火应该注意些什么？

一般来讲，凡是生产、使用、储存可燃气体、可燃液体、助燃气体、氧化剂和易燃固体（煤粉、炭黑、硫黄、赛璐珞、发孔剂 H 等）的设备、容器、管道及其周围 10 m 的范围内，均称为禁火区。如果该生产区域内空气中易燃、易爆、挥发性气体浓度较大时，应由安全、消防部门共同研究，另定范围。

凡在上述禁火区内动火，或进行易产生火花的工作（如电焊、气焊、使用电器工具或喷灯、抬拿高温物料、金属撞击等），或有起重设备和易产生火花的装置进入禁火区，或有直接火焰设备的第一次点火都应办理动火证。

37. 怎样针对自燃、闪燃和着火采取有效的防火与灭火措施？

燃烧可分为自燃、闪燃和着火等类型，应有针对性地采取有效的防火与灭火措施。

（1）自燃。可燃物质受热升温而无须明火作用就能自行着火的现象称为自燃。引起自燃的最低温度称为自燃点，自燃点越低，火灾危险性越大。

根据促使可燃物质升温的热量来源不同，自燃可分为受热自燃和本身自燃。

1) 受热自燃。可燃物质由于外界加热，温度升高至自燃点而发生自行燃烧的现象，称为受热自燃。

2) 本身自燃。可燃物质由于本身的化学反应、物理或生物作用等所产生的热量，使温度升高至自燃点而发生自行燃烧的现象，称为本身自燃。

由于可燃物质的本身自燃不需要外来热源，所以在常温下甚至在低温下也能发生自燃。因此，能够发生本身自燃的可燃物质比其他可燃物质的火灾危险性更大。

在一般情况下，本身自燃的起火特点是从可燃物质的内部向外炭化、延烧，而受热自燃往往是从外向内延烧。

（2）闪燃。可燃性液体的温度越高，蒸发出的蒸气亦越多。当温度不高时，液面上少量的可燃蒸气与空气混合后，遇着火源而发生一闪即灭（延续时间短于 5 秒）的燃烧现象，称为闪燃。

可燃性液体蒸发出的可燃蒸气足以与空气构成一种混合物，并在与火源接触时发生闪燃的最低温度，称为该燃性液体的闪点。闪点越低，火灾危险性越大。

（3）着火。可燃物质在某一点被着火源引燃后，若该点燃烧所放出的热量足以把邻近的可燃物质温度提高到燃烧所必需的温度，火焰即随之蔓延。因此，着火是指可燃物质与火源接触而燃烧，并且在火源移去后仍能保持继续燃烧的现象。可燃物质发生着火的最低温度称为着火点或燃点，如木材的着火点为 295 ℃，纸张的着火点为 130 ℃等。

控制可燃物质的温度在燃点以下，是预防发生火灾的措施之一。在火场上，如果有两种燃点不同的物质处在相同的条件下，受到火源作用时，燃点低的物质首先着火。所以，存放燃点低物质的地点通常是火势蔓延的主要方向。用冷却法灭火，其原理就是将燃烧物质的温度降低到燃点以下，使燃烧停止。

38. 爆炸分为哪些类型?

爆炸可分为物理性爆炸和化学性爆炸两类。

（1）物理性爆炸是由物理变化（温度、体积和压力等因素）引起的。物理性爆炸的前后，爆炸物质的性质及化学成分均不改变。

物理性爆炸是蒸气和气体膨胀力作用的瞬时表现，它们的破坏性取决于蒸气或气体的压力。氧气钢瓶受热升温，引起气体压力增高，当压力超过钢瓶的极限强度时发生的爆炸，就是物理性爆炸。

（2）化学性爆炸是物质在短时间内完成化学变化，形成其他物质，同时产生大量气体和能量的现象。例如，用来制作炸药的硝化棉在爆炸时放出大量热量，同时生成大量气体（CO_2、H_2 和水蒸气等），爆炸时的体积竟会突然增大 47 万倍，燃烧在几万分之一秒内完成。

在焊接操作中经常遇到可燃物质与空气形成混合物，这类物质一般称为可燃性混合物，如一氧化碳与空气的混合物，具有发生化学性爆炸的危险。

通常称可燃性混合物为有爆炸危险的物质，因为它们只是在适当的条件下才变为危险的物质，这些条件包括可燃物质的含量、氧化剂含量以及点火源等。

39. 火灾爆炸事故的一般原因是什么?

火灾爆炸事故的原因具有复杂性。但焊割作业过程中发生的这类事故主要是由于操作失误、设备缺陷、环境和物料处于不安全状态、管理不善等引起的。因此，火灾和爆炸事故的主要原因基本上可以从人、设备、物料、环境和管理等方面加以分析。

（1）人的原因。对焊割作业发生的大量火灾与爆炸事故的调查和分析表明，有不少事故是由于操作者缺乏有关的科学知识、在火灾与爆炸险情面前思想麻痹、存在侥幸心理、不负责任、违章作业等引起的。企业中一些设备本身存在易燃、易爆、有毒、有害物质，在动火前没有对设备进行全面吹扫、置换、蒸煮、水洗、抽加盲板等程序处理，或虽经处理而没达到动火条件，没进行检测分析或分析不准，而盲目动火，发生火灾爆炸事故。

（2）设备的原因。例如，气割、气焊时所使用的氧气瓶、乙炔瓶都是压力容器，设备本身都具有较大的危险性，使用不当时，氧气瓶、乙炔瓶受热或漏气都易发生着火、爆炸事故；弧焊机回线（地线）乱接乱搭，以及电线与开关、电灯等设备连接处的接头不良，接触电阻增大，就会强烈发热，使温度升高引起导线的绝缘层燃烧，导致附近易燃物起火。

（3）物料的原因。例如，焊割设备（乙炔瓶、氧气瓶等）在运输装卸时受剧烈振动、撞击，可燃物质的自燃、各种危险物品的相互作用，发生火灾、爆炸事故。

（4）环境的原因。例如，焊割作业现场杂乱无章，在电弧或火焰附近以及登高焊割作业点下方（周围10 m内）存放可燃易爆物品，高温、通风不良、雷击等。

（5）管理的原因。规章制度不健全，没有合理的安全操作规程，没有设备计划检修制度；焊割设备和工具年久失修；生产管理人员不重视安全，不重视宣传教育和安全培训等。

40. 怎样加强明火管理？

（1）企业的各级领导和广大职工必须十分重视防火安全工作，认真贯彻预防为主的方针。

（2）企业领导和职工必须了解和掌握本企业的致灾火源在哪里，并联系实际建立健全防火责任制。

（3）严格遵守各项操作规程、安全制度以及工艺纪律和劳动纪律。

（4）努力学习防火、防爆安全知识和生产技术知识，熟悉化学危险品的特性及其在生产过程中可能产生的危险性。掌握灭火方法，一旦发生火警，及时进行扑救，把火灾消灭在萌芽状态。

41. 办理动火证的意义是什么？

动火证是企业执行动火管理制度的一种必要形式。办理动火证的过程中，动火执行人、项目负责人、车间安全技术人员、分析人员、监护人、值班主任（工段长）、车间主任都各自有自己的责任，要层层负责，人人把关，共同对动火安全负责。

办理动火证的过程又是具体落实动火安全措施的全过程。从办证、与生产系统隔绝、排气、置换、清洗、分析、清除周围易燃物到消防措施和监护等都必须一一落实好后，审批人才能批准动火。

批准了的动火证是动火的"指令"，项目负责人必须对动火执行人逐项交代动火事项，动火执行人要认真进行核实，确认无误后应严格按"指令"的要求去执行。只有这样，才能确保安全动火。

在动火完毕后，批准的动火证又是动火的原始凭证，要保存好，以便总结检查。

上述几点就是办理动火证的意义。在禁火区域内持有经过批准的动火证进行动火,就能有效防止火灾、爆炸等事故的发生,确保人身和生产安全。

◎**事故案例**

某年10月9日,某厂安装队承担一个项目,需在氨水罐上用火,未办理动火证,也未采取安全措施,违章气焊用火,使氨水罐中达到爆炸极限的氨气和少量的氢气、甲烷气混合,遇到气焊明火,氨水罐发生爆炸。检修工和焊工共3人被炸开的直径约7 m的顶盖弹向天空,其中1人被气浪抛到离罐30 m处,头部碰到架空的水管上后弹回落地,当即死亡;另外2人分别被抛到离罐25 m和16 m处的房顶上,立即被送往医院,后经抢救无效死亡;在相邻新罐上施工的1名作业人员被猛烈气浪推倒受伤。本起事故造成3人死亡,1人受伤。

42. 为什么要建立焊接动火制度?

在各类焊接事故中,火灾爆炸事故造成的损失最大,尤其是在易燃易爆区域、设备或岗位上进行焊接动火。不按规定办理动火手续,没有防护措施,则是发生火灾爆炸事故的主要原因。所以对这些情况下的焊接作业,应建立严格的动火制度,以防止事故的发生。

43. 动火分为几种类别? 其审批权限各属于哪个部门?

动火分为三种类别,对于动火的类别划分及审批权限,各企业可根据行业性质及本单位的具体情况自行确定。一般企业规定为:

(1)一类动火。在易燃易爆车间、装置(设备)、管道及其周围动火称为一类动火。一类动火由安技部门或消防保卫部门批准。

(2)二类动火。固定动火区(场)和一类动火范围以外的动火称为二类动火。二类动火由车间主任批准。

（3）特殊动火。具有特殊危险作业或区域的动火称为特殊动火，如煤气柜、合成塔、汽油库、氢气柜、乙炔站、炸药库、苯储罐等本体上的动火称为特殊动火。特殊动火除了按一类动火项目办理审批手续外，还必须报生产厂长、总工程师批准。

◎ **事故案例**

某炼油厂焦化车间在安全检查中发现，加热炉备用燃料油管线凝固。车间副主任带领操作人员，在焦化装置瓦斯罐北侧，距地面 4.2 m 高处的管架上，将该管线用铁锯割断，并用蒸汽吹扫完毕后决定将管线焊接上。在开动火证时，将一级动火开为二级动火。在施工现场没有落实安全措施，仅拿了两个干粉灭火器，放到动火现场备用。没有与生产工段和看火人联系动火事宜，没有找看火人，没有落实动火措施，只把距动火处 1~2 m 的下水井用破布堵了一下就让动火。

焊工没有把住安全关，未执行动火管理制度规定的"没有人看火不动火，动火措施不落实不动火，没有动火证不动火"制度。在管架子上焊接该管过程中，火星掉到下水井上，当即引燃了下水井内的瓦斯，火焰瞬间窜入距离 20 m 远的污水沟，发生火灾。消防队先后出动了 47 辆消防车，经过 2 个多小时的努力，才将大火彻底扑灭。

44. 如何办理和使用动火证？

（1）动火证由动火项目负责人办理，安全措施由动火所在单位提出，属施工方面的措施由施工负责人给予落实，属生产方面的措施由生产单位负责人给予落实。上述准备工作应提前做好。

另外，在公共场所的易燃易爆物质管架上动火，由施工单位负责人办理动火证，经所在区域的生产车间安全员审查安全措施，由动火所在厂的安技部门和消防部门批准；动火分析由生产单位检验部门负责。

（2）审批动火证的人员，必须确切了解动火场所及周围环境的实际情况，严肃认真地进行审批。

动火证审批者应视具体情况，决定动火证的有效时间。当动火现场的情况发生变化，有可能产生其他危险因素时，应立即停止动火，重新取样分析或采取其他安全措施。

（3）动火执行人要随身携带批准的动火证，以便接受检查，严禁一证复用、一证多用、以工种代姓名、以言代证。动火执行人对没有按规定办理动火证或安全措施有一项不落实的，都有权拒绝动火。

（4）动火现场当生产发生紧急情况时，如开车、停车、事故处理、排气、管道和设备泄漏或破裂等，生产车间当班负责人或监护人要立即通知动火人员停止动火，待恢复正常，重新取样分析合格，经批准后才能继续动火。

◎相关知识

动火分析是指动火半小时前，对动火地点、设备、管道、易燃易爆介质或环境所做的测试及化学分析。

动火分析的目的是测定易燃易爆物质的浓度是否在安全动火范围之内，以此来决定是否可以动火。

45. 为什么不按时做动火分析，严格禁止动火？

需要动火检修的设备、管道及动火周围现场经过处理后，易燃易爆介质的浓度究竟还有多少？能否安全动火？要回答这个问题，必须按时做动火分析。

通过分析数据，审批人员可以得出能否动火的正确判断。因此，按时做动火分析是完成动火又防止火灾爆炸事故发生的关键措施，万万不可缺少。

◎ **相关知识**

动火分析合格的标准（体积比）：

（1）爆炸下限≥10%的可燃气体（蒸气），其可燃物含量≤1%为合格。

（2）4%≤爆炸下限<10%的可燃气体（蒸气），其可燃物含量≤0.5%为合格。

（3）1%<爆炸下限<4%的可燃气体（蒸气），其可燃物含量≤0.2%为合格。

（4）爆炸下限≤1%的可燃气体（蒸气），其可燃物含量控制在爆炸下限的20%（体积比）以下为合格。

（5）各组分含量太少的混合气体，其动火分析合格标准以可燃物总含量低于爆炸下限最低的可燃气体量为准。

（6）富氧设备、管道、容器及其附近的氧含量≤22%为合格。

（7）对设备、容器、管道内部动火，还应分析有毒气体含量，不得超过国家规定的最高容许浓度标准，氧含量在19%~22%为合格。

46. 动火作业，引发火灾的主要原因有哪些?

（1）企业中一些设备本身存在易燃、易爆、有毒、有害物质，在动火前没有对设备进行全面吹扫、置换、蒸煮、水洗、抽加盲板等程序处理，或虽经处理而没达到动火条件，没进行检测分析或分析不准，而盲目动火，发生火灾爆炸事故。

（2）气割、气焊动火所用的乙炔、氧气等都是易燃、易爆气体，因使用的软管、减压阀等器具有损坏，出现泄漏引起燃烧和发生爆炸。

（3）在动火作业时，无论是气割、气焊或是电弧焊，都要使金属在高温下熔化。熔化的金属液易到处飞溅，使周围的地漏、明沟、污油井、电缆沟等发生火灾爆炸事故。

（4）气割、气焊时所使用的氧气瓶、乙炔瓶都是压力容器，设备本身都具有较大的危险性，使用不当时，氧气瓶、乙炔瓶受热或漏气都易发生火灾爆炸事故。

（5）用电弧焊时，焊机不完好或地线、焊把线绝缘不好易发生打火现象。

（6）监护人员脱离岗位或没有人监护，防范措施不落实，环境条件发生变化，如取样、排污、泄漏等没及时停火，都容易发生事故。

◎**事故案例**

某市热电厂新增两套燃油发电设备，在安装收尾时，油罐里已灌装1万多吨油。发现一根油管漏油，经过简单的置换和清洗，未进行动火分析，即由焊工焊补。焊工刚引弧，油管即发生爆炸，整个燃油系统被炸毁，1万多吨油全部烧光，事故现场方圆200 m以内一片火海，大火烧了20多个小时。该事故共造成9人死亡，23人受伤，损失达123万元。

47. 在焊接作业中发生爆炸的因素有哪些？

物质在瞬间分解或燃烧时，放出大量气体和蒸气，对周围环境产生巨大压力的现象称为爆炸。

爆炸可由火花、火焰、冲击和摩擦静电而引起，也可能由容器内的压力增大、容器壁腐蚀而引起。如焊接尚未清洗的油罐和油桶，焊接带有气压的锅炉等容器及储气筒和附件等，在有易燃气体的房间内焊接等，均可能造成爆炸事故。

爆炸事故往往与火灾同时发生，造成严重的危害。

◎**事故案例**

某年1月18日，某化学厂油罐顶部安装蒸汽管道，未采取安全措施，未办理动火手续，盲目焊接用火，顿时一声巨响，两个相互连通的油罐发生爆炸，现场一片火海，当场炸死4人，大火烧伤6人，现场设备炸毁，损失惨重。

48. 进行气焊、气割作业时，怎样预防燃烧和爆炸？

由于气焊和气割都是高温的明火作业，而使用的氧和乙炔等可燃气体又都具有爆炸、燃烧性能，因此在操作中必须特别注意防燃、防爆。

（1）工作前要检查周围环境，防止飞溅的熔化金属落在可燃物上引起火灾，在未清除掉易燃危险品之前不能动火。在大风的天气进行室外操作时，要注意增设挡风设备。

（2）操作位置要与可燃物保持5 m以上的距离。

（3）在固定的工作场所，应备有防火器材。如遇乙炔气泄漏燃烧，则应首先制止气体逸出，然后用二氧化碳、干粉或石棉毯灭火。

（4）可燃气体与空气混合达到爆炸临界点，一旦遇到明火就会引起爆炸，因此对各种装置、输气管道和器具都要进行漏气检查，所有漏气现象都要查明原因，采取措施，加以消除。

（5）不能在有压力或密闭的容器及管道上进行气割。容器内残存的油脂、可燃气体或可燃液体清除后，还要用蒸汽吹洗或用热碱水冲洗干净后才能动火。

（6）严禁把漏气的橡胶软管和焊炬（或割炬）带到容器内。在容器或厂房内工作结束时，要把焊炬（或割炬）和橡胶软管全部拿出来，不准留在容器内，以防漏气引起爆炸。

（7）不准将已经点燃的焊炬（或割炬）随便卧放在工件上或地面上。停止工作时，需立即关紧乙炔阀和氧气阀，防止漏气。

（8）在操作过程中产生的回火，很容易引起燃烧和爆炸。

（9）遇到必须在易燃、易爆危险区域或靠近易燃、易爆物品附近工作时，要事先取得消防部门的同意和配合。

（10）工作完毕或下班时，应关掉氧气瓶阀、减压器阀、乙炔管道或乙炔瓶阀。检查现场，确认无隐患后才能离开。

◎**相关知识（1）**

强烈的氧化反应，并伴随有光和热同时发出的化学现象称为燃烧。燃烧是物质与氧气剧烈化合，生成相应的氧化物，同时放出光和热的一种现象。如蜡烛在空气中（氧气的体积分数约为21%）燃烧生成二氧化碳和水，同时放出光和热。如果只有发光发热而无氧化反应，则不是燃烧。白炽灯泡在照明时，虽然钨丝发光发热，但无氧化反应，因此它不是燃烧。

◎**相关知识（2）**

发生爆炸也是有条件的。并不是可燃气体、可燃蒸气或可燃粉尘一旦与空气形成混合物，遇到火源就爆炸，而是这些可燃物质在混合物中的浓度必须在一定的范围内时，接触火源或激发能量才会发生爆炸。

49. 焊接哪些容器需要采取防爆措施?

凡是具有压力的容器和装有易燃、易爆物质的容器，在一般情况下禁止焊接。只有在特殊情况下，在采取措施确保安全时才允许焊接。

在对装过煤油、汽油或油脂的容器焊接时，应先用热碱水冲洗，再用蒸汽吹洗几个小时，打开盖，在必要时应进行取样分析，在确认已清洗干净后，方可进行焊接。

◎**事故案例（1）**

某工厂机械车间铆焊厂房内焊补一个稀硫酸罐时，因补焊部位在罐底，就用起重机将酸罐吊起，罐底朝上、入口朝下放在地面上，使稀硫酸罐形成密封容器，并且酸罐没有使用碱水冲洗，没有将其中液体或气体排净，没有经过取样分析，没有按照工艺规程操作。当焊工刚开始引弧焊接时，酸罐当即发生爆炸。爆炸飞散物击中附近的工人，致其当场死亡。该焊工被酸液烧伤。

◎**事故案例（2）**

某厂汽车队一个有裂缝的空汽油桶需进行补焊，焊工班提出未采取措施马上就焊补有危险，但汽车队长说："这个桶是空的，没有危险。"结果在未采取任何安全措施，甚至连加油口的盖子也未打开的情况下，就进行焊补。一名工人用手扶着汽油桶，焊工一施焊汽油桶便发生爆炸，两端圆板飞出，桶体炸开，正在操作的气焊工被炸身亡。

车用汽油挥发后的爆炸极限一般为 $0.89\% \sim 5.16\%$，爆炸下限非常低。尽管桶是空的，但油桶内壁的铁锈表面微孔吸附着少量残油，桶内卷缝里有残油和油泥，油桶内有挥发扩散的汽油蒸气，很容易达到和超过爆炸下限，遇焊接火焰或电弧就会发生爆炸。加上能打开的孔洞盖子没有打开，爆炸时威力更大。此类操作属于违章作业。

焊补或切割密封容器时必须打开所有孔洞盖板，且必须进行清洗、置换，动火分析合格并经批准后，方可施焊或切割。

50. 在高炉煤气系统设备上动火应注意哪些事项?

（1）在高炉正常生产时，若动火应先办理动火手续，准备好防毒面具、灭火材料，并在有防护站人员在场和煤气压力保持正压力的情况下方能动火。如果煤气已经泄漏，必须经处理堵上泄漏点后方能动火。

（2）长期未使用且未排尽煤气的管道，若要动火时，除使煤气维持正压力外，还应将管道末端的放散阀打开，放散一定时间，然后方可动火。

（3）在高炉短期休风时，必须在切断阀后的除尘器、洗涤塔、煤气管道后方可动火，切断阀前（高炉侧）的煤气管道不许动火。

（4）高炉休风后，整个煤气系统的煤气处理干净后，经检验合格，方可全面动火。

51. 应如何处置煤气管道泄漏?

当发现煤气管道因腐蚀泄漏煤气，应立即采取措施进行处理。在处理煤气管道泄漏故障时，一般均采用焊接的方法。处理时，作业人员应首先进行自我防护，戴好防毒面具，然后用木塞将管道的漏眼堵上，并将露在管道外面部分的木塞锯掉，用铁板将漏眼包好，再进行焊接。对于腐蚀情况严重，多处出现煤气泄漏的管道，应停气对管道进行彻底更换。

52. 操作等离子或氧-乙炔切割机时，如何防止火灾危害?

使用氧-乙炔切割机时，如果操作不当泄漏燃气和氧气，或者气路接头、管路系统有漏气，会引起失火。所以，要定期检查气路，并严格按操作规程操作。

使用等离子弧切割时，产生的火花和熔渣也可以引起火灾，因此，操作时应注意以下事项。

（1）刚切好的工件，必须冷却到室温，避免与易燃物品接触。

（2）盛装有易燃物品的容器，如果必须进行切割时，应将里面的易燃材料彻底清除干净，确认无易燃材料后方可进行切割。

（3）不要在含有易燃气体或易燃液体蒸气的空气中进行切割，在切割前，必须将这些可燃气体排除干净。

（4）不要使用劣质、漏气、变形或损坏的调节阀，否则容易给操作者带来危险。

（5）切割现场 10 m 以内不允许有易燃物品。

53. 操作等离子或氧-乙炔切割机时，如何防止爆炸?

（1）切割场地不应含有易爆粉尘和蒸气。

（2）不要切割盛装有易爆物品的容器，当必须进行切割时，应将里面的易爆材料彻底清除干净，并经具有相关资质的检验部门检验合格，确认无易爆材料后方可进行切割。

（3）等离子弧系统使用压缩空气，应按相应的安全标准操作。

（4）切割机上的电气开关应与切割机头上的割炬气阀隔开，以防电火花引爆乙炔气。

（5）装在切割机上的燃气开关箱（阀），应使空气流通并保证气路连接处严密不泄漏，以防可燃气体积聚。

（6）不要使用油性润滑剂来润滑调节阀。

54. 焊接防火必须注意哪些问题？

燃烧和化学性爆炸主要是氧化反应（化学性爆炸是瞬间的燃烧），两者关系十分密切。例如，化工设备管道检修焊补的事故，往往就是由于发生火灾后引起爆炸，或者是由于发生爆炸后引起火灾。因此焊接防火必须注意以下问题。

（1）严格执行焊接用火审批制度，应经本单位消防保卫部门检查同意后，才能进行操作。

（2）应根据消防需要，配备足够的看火人员，并配备必要的灭火工具。

（3）在生产、加工或储存化学易燃物品的房间内，禁止进行焊接或切割。

（4）加强安全检查。操作前要检查操作场所和下方有无易燃物品，必须将焊接地点周围 10 m 以内的易燃物品排除或采取牢靠的安全措施后，才能进行操作。操作后也必须检查，特别是对有易燃物或填有可燃物隔热层的场所，一定要彻底进行检查，防止隐藏火种，酿成火灾。

（5）焊接工具必须完善良好。焊机的电源线要绝缘可靠，焊机要有牢固的接地装置，导线要有足够大的截面积，严禁超过安全电流负荷量。要有合适的保险装置，熔断器熔丝严禁用铜丝或铁丝代替。气焊用的胶皮管、导管必须严密，不能破损漏气。

（6）焊接操作要选择在安全地点进行，周围的易燃物品如不能清除时，应用水喷湿，或盖上石棉板、石棉布、湿麻袋等非燃烧材料隔绝火星。在高空焊接时，可用薄铁板、石棉板、石棉布等非燃烧材料做成接火盘，在接火盘上还可以铺上一层湿沙子。在风天焊接时，要设有风挡，防止火花飞溅。

（7）焊接操作中如发现电动机漏电、橡胶管漏气或闻到有焦煳味等异常情况，应立即停止操作进行检查。

（8）电焊完毕后，切记要断电。

55. 焊接、气割作业的灭火措施是什么？

燃烧是一种同时发光发热的化学反应。燃烧必须同时具备可燃物、助燃物和火源三个条件，而且每个条件都要具有一定的数量，并且彼此互相作用，否则就不会发生燃烧。对已经进行的燃烧，若消除其中任何一个因素，燃烧就会停止。

根据上述灭火原理，目前主要有三种基本的灭火方法。

一是隔离法，就是将着火的地方或物体同其周围的可燃物隔离或移开，燃烧就会因缺少可燃物而停止。

二是窒息法，就是阻止空气流入燃烧区域，同时由不燃烧的物质冲淡空气，使燃烧物得不到足够的氧气而熄灭。

三是冷却法，就是将灭火剂或水直接喷射到燃烧物上以降低燃烧物的温度，当燃烧物的温度降低到该物的燃点以下时，燃烧也就停止了。

目前生产上常用的灭火物质有水、化学液体、固态粉末、泡沫、稀有气体和泥沙等，它们的灭火性能与应用范围各有不同。为了迅速扑灭焊接过程中引起的火灾，必须按照现代的消防技术水平，根据不同的焊接工艺和着火物质的特点来合理选择灭火方法和灭火物质，否则其灭火效果会适得其反。焊接、气割作业时一般采用以下灭火措施。

（1）发现焊、割设备有漏气现象，应立即停止工作进行检查，及时予以消除。当气体导管或软管漏气着火时，首先应将焊、割炬的火焰熄灭，并立即关闭阀门，用湿布、石棉布等扑灭燃烧气体。

（2）当乙炔气瓶口着火时，应立即关闭瓶阀，停止气体流出，火即熄灭。

（3）弧焊机着火时，首先要切断电源，然后再灭火。在未断电以前不能用水或泡沫灭火器灭火，只能用干粉灭火器、二氧化碳灭火器扑救，因为用水或泡沫灭火器扑救容易发生触电伤人。

45

56. 焊接与切割作业人员"十不焊割"的规定是什么？

（1）焊工必须持证上岗，无特种作业人员安全操作证的人员，不准进行焊、割作业。

（2）凡属一、二、三级动火范围的焊、割，未经办理动火审批手续，不准进行焊、割。

（3）焊工不了解焊、割现场周围情况，不准进行焊、割。

（4）焊工不了解焊件内部是否安全时，不准进行焊、割。

（5）各种盛装过可燃气体、易燃液体或有毒物质的容器，未经彻底清洗，未排除危险前，不准进行焊、割。

（6）用可燃材料作保温层、冷却层、隔热设备的部位，或火星能飞溅到的地方，在未采取切实可靠的安全措施前，不准进行焊、割。

（7）有压力或密闭的管道、容器在未采取有效的安全措施前，不准进行焊、割。

（8）焊、割部位附近有易燃易爆物品，在未做清理或未采取有效的安全措施前，不准进行焊、割。

（9）附近有与明火作业相抵触的工种作业时，不准进行焊、割。

（10）与外单位相连的部位，在没有弄清有无险情，或明知存在危险而未采取有效的措施前，不准进行焊、割。

◎ **事故案例**

某年 2 月 13 日一工具车间氢气站为了解决氢气储气罐的浮桶在储气达 3 m³ 后便发生倾斜卡罐的现象，决定在储罐浮桶和底桶上焊一导向装置。

对于大型容器，特别是盛装易燃易爆物质的容器或管路施焊时，必须按焊件的情况，拟定安全合理的施焊工艺。

该车间没有采取合理的安全措施，首先打开储气罐浮桶上的排气阀门，向外排放氢气后关闭。接着用氮气瓶经电解槽向储气罐内充氮，以驱除氢气。充氮约 20 min 后，由于氮气源不足，充氮时间甚短，此时储罐标位由原来的 1.5 m³ 升至 2.5 m³。第二天上班后，班长看到储气罐标位降至 1.5 m³，则认为氢已驱除干净，便没有再进行排氢。车间主任和调度员来检查储气罐，开启浮桶排气阀门，未听见气体排出的声音，也没有进行严格的取样分析，便认为无氢气了，关闭阀门离去。

两名焊工也没有确认是否安全，便进行焊接，当焊完储气罐底桶外壁 4 根导向管后，又登上浮桶，蹲在上面焊导向板。刚烧红被焊处，储气罐便发生爆炸。

爆炸使直径 3 m、质量 300 kg 的浮桶被抛起 10 m 高，并冲毁房顶。一名焊工被抛向上空后坠落罐内，当即休克，因内出血严重，骨盆、胫骨多处骨折，经抢救无效死亡。另一名焊工被抛落在储气罐旁的地下坑道内，身体多处骨折，并有轻度脑震荡。

57. 在禁火区内为什么要禁止穿化纤服装上岗?

穿着化纤服装进行作业，对易燃易爆的化工生产是非常危险的，因为化纤织物在摩擦时易产生静电火花，给禁火区的安全生产带来严重威胁；而且在发生火灾爆炸事故时，化纤织物在高温下呈黏糊状，黏附于皮肤会加重烧伤伤势，不利于伤员抢救。

58. 防火与防爆措施有哪些?

火灾与爆炸事故会造成巨大损失，因此防火与防爆措施极其重要，应格外重视。

（1）焊接处 5 m 以内不应有有机灰尘、垃圾、木屑、棉纱、草袋等可燃物品及石油、汽油、油漆等油料。工作地点通道的宽度不得小于 1 m。

（2）施焊地点应离乙炔瓶和氧气瓶 10 m 以外。

（3）在喷漆室、油库、乙炔站、氧气站里严禁进行焊接工作。

（4）储存着汽油、煤油、挥发性油脂的容器或盛有其他易燃物或爆炸物的容器，不得进行焊接。

（5）不准直接在木板、木砖地上进行焊接。当必须焊接时，应用铁板把工作物垫起，并须携带防火水桶，以防火花飞溅造成火灾。

（6）焊接管子时，要把管子两端打开，不准堵塞，同时管子两端不准接触易燃物或有他人工作。

（7）工作物焊完之后，焊工须待工作物冷却，火种熄灭，并确认没有焦味和烟气后，方准离开工作场所。着火并非都是立即发生，可能要经过一段时间，切不可大意。使用完毕的工作服及防护用具，应经检查确无带火迹象及燃烧煳味时再放起来。

（8）在锅炉内、管道中、井下、地坑及其他狭窄的地点进行焊接时，必须事先检查内部有无可燃气体、有害气体及其他易燃易爆物质等。如有，则必须采取措施消除，并装设局部通风装置后，方准进行焊接。

（9）任何受压容器，不许在内压大于大气压力的情况下进行焊修。用焊接修理锅炉、储气筒、乙炔管路时，必须首先将其内部的蒸气、压缩空气、乙炔气等全部排尽，并打开其全部盖及阀门，方可施焊；乙炔罐还应用氮气冲洗或注满清水，使内部残余乙炔全部排出，才能焊接。

（10）经常检查弧焊机与各种导线的绝缘是否良好，绝缘损坏应及时修复，以防短路发热造成火灾。

（11）焊接回路地线不可乱接乱搭，以防因接触不良、发热而造成火灾。

（12）焊接储存易燃液体的容器时，应遵守焊修燃料容器的安全技术规范。

（13）使用各种气瓶焊接时（如二氧化碳保护焊、氩弧焊等），应遵守《气瓶安全监察规程》。

当发生火灾时，应严防火势蔓延。因此，在焊接地点附近（防火监督机关指定的地方），应设置盛水的消防水桶、沙箱、各种灭火器及消火栓等设施，并应确保它们处于良好的状态，以保证火灾发生时能立即组织人力扑灭。火灾发生时，应立即报告消防机关。

因电器短路而引起火灾时，必须首先将电源切断，以免在抢救中发生触电伤亡事故。

水的灭火性能良好，所以普遍用水来灭火，但有些物质燃烧时，严禁用水灭火。例如，液体有石油、煤油、汽油、植物油、动物油、乙醚、戊醇、丁醇、松节油等；固体有电石等。

59. 动火安全措施有哪些?

（1）将动火设备（如塔、容器、油罐、换热器、管线等）内的油品、溶剂、油气等可燃性物质彻底清理干净，并有足够时间进行蒸汽吹扫和水洗，达到动火条件。

（2）切断与动火设备相连通的设备管线，加盲板隔离。

（3）动火设备通以蒸汽（或氮气）后进行动火。

（4）塔、油罐、容器动火，应做爆炸分析和含氧量测定，合格时方可动火。动火前人在设备外边进行设备内打火试验。工作时人孔外应有专人监护。

（5）动火附近的下水井、地漏、地沟、电缆等处应清除易燃物并封闭。

（6）塔内动火，可将石棉布或毛毡用水浸湿，铺在相邻两层塔盘上，进行隔离。

（7）焊接回路线应接在焊件上，不得穿过下水井或其他设备搭火。

（8）高空动火不许火花四处飞溅，应以石棉布进行围接。

（9）动火过程中，遇有跑油、串油和易燃气体，应立即停止动火。

（10）动火现场，应备用灭火工具（如蒸汽管、灭火器、沙子、铁锹等）。

（11）室内动火，应将门窗打开，将周围设备遮盖，封闭下水漏斗，清除油污，附近不得用汽油等易燃物质清洗设备零件。

49

（12）电缆沟动火，检查有无易燃气体和积油，必要时将沟两端隔绝。

（13）上班开始工作前和下班后，均应认真检查条件是否有变化，不得留有余火，动火部位或部件应予以冷却。

◎**事故案例**

某年 11 月 8 日上午，某铸造车间为改装清理工房机床导轨，在此工房内进行气割和焊接作业。工房的地面铺的是木板，而且缝隙较多。日积月累不仅木板地面上沾有不少机油，而且架空的地板下也积聚有大量的油性易燃物品（如油棉纱等）。由于未垫铁板，在气割和焊接作业时，曾两次引燃地板，均因发现及时被迅速扑灭，但未引起操作者的重视，也未采取任何安全防护措施。当焊完最后一节导轨后，对现场也未进行仔细检查和清理，留下了事故隐患。白班与夜班交接班时，由于没有严格的交接班制度，没有发现异常现象，且值班人员没有坚守岗位。深夜时分其他车间工人下班路过，发现工房内冒起 2 m 多高的火焰，由于厂房门窗紧闭，无法进入灭火，待消防人员赶来才将火扑灭，房内设施均被烧损。

60. 焊修燃料容器时，有哪些安全措施？

焊修燃料容器时，即使容器内有极少量的残液，也必须进行彻底清洗。清洗方法有以下几种。

（1）一般燃料容器，可用 1 L 水加 100 g 苛性钠或磷酸钠水溶液仔细清洗，时间可视容器的大小而定，一般为 15~30 min，洗后再用蒸汽吹刷一遍方可施焊。

（2）当洗刷装有不溶于碱液的矿物油的容器时，可采用 1 L 水加 2~3 g 水玻璃或肥皂的溶液进行清洗。

（3）汽油容器的清洗可采用蒸汽吹刷，吹刷时间视容器大小而定，一般为 2~24 h。

当清洗不易进行时，把容器装满水以减小可能产生爆炸混合气体的空间，但必须使容器上部的口敞开，防止容器内部压力增高。

◎相关知识

化工企业的设备（如塔、罐、柜、槽、箱、桶等）和管道内容易有易燃、易爆、有毒物质，动火检修前，如不按规定要求，将设备和管道内的可燃性物质彻底清洗、置换合格，一旦与空气混合，形成爆炸性混合物，并达到爆炸极限范围，遇火源即能发生火灾爆炸事故。如果有毒有害物质超过国家最高允许浓度标准，还能发生中毒事故。

◎事故案例

某合成化工厂有一氧化炉已停用很久，而且上、下盖早已打开通风。但是，壳体内壁黏附着易燃易爆的固态化学物质，应该有针对性地清洗或使用有关设备、工具进行清洗，必要时可用蒸汽吹扫；清洗后的排放液可能会有易燃易爆的物质挥发出来，对此也要采取相应的安全措施；对难以清洗的内壁固态黏附物，可采用稀有气体进行防护。

然而，该厂在对氧化炉壳体下部气割动火时，没有清除炉内固态易燃易爆物质，未进行清洗置换，违反了动火安全规定，致使壳体内壁黏附着的易燃易爆固态化学物质在高温状态下气化引起爆炸，当场炸死 2 人。

61. 进入设备内部动火时，有哪些安全措施？

（1）进入设备内部前，先要弄清设备内部的情况。

（2）该设备和外界联系的部件，都要进行隔离和切断，如电源和附带在设备上的水管、料管、蒸汽管、压力管等均要切断并挂牌。有污染物的设备应按要求进行清洗后才能进行内部焊割。

（3）进入容器内部焊割要实行监护制，派专人进行监护。监护人不能随便离开现场，要与容器内部的人员经常取得联系。

（4）设备内部要通风良好，不仅要驱除内部的有害气体，而且要向内部送入新鲜空气，但是，严禁使用氧气作为通风气源，防止燃烧或爆炸。

（5）氧-乙炔焊（割）炬要随人进出，不得任意放在容器内。

（6）在内部作业时，要做好绝缘防护工作，防止发生触电等事故。

（7）做好人体防护，减少烟尘等对人体的侵害。

62. 焊工进入容器内工作，为何容器外要有人监护?

施工人员进入容器设备内工作，容器内除了存在易中毒、易窒息、易触电等危险因素外，还会因为人员进出困难，联系不便，发生事故后不易被人发现，导致事故危险性的扩大，因此需要有人在室外进行监护。

63. 容器检修焊接时，监护人主要有哪些责任?

（1）工作前，监护人要做如下检查：

1）检查是否申请办理了作业证，作业证中填写的安全措施是否和现场一致，并且落实。

2）工作人员身体状况是否适合工作要求，对安全措施、工作任务是否明确。工作人员使用的安全带、防护器具是否齐全并符合要求。

3）架子、梯子、栏杆是否合乎要求，照明是否符合规定。

（2）监护人应该对被监护人的安全负责。工作前，必须规定好联系信号，否则不准开始工作。监护人有权监督和要求被监护人采取安全措施，如发现违章作业，应立即停止其工作。

（3）监护人对安全措施还未落实或尚不完善的危险作业，应督促改进，经提出后，如仍不改进，应拒绝参加监护工作，并报告相关部门负责人。

（4）监护人必须注意严禁用电动车、起重机、卷扬机等电器设备作为起重作业人员的工具，因为遇到停电时，作业人员无法从危险区退出。

（5）监护人必须选择适当的监护地点，注意自身防护。同时应做好处理事故的一切准备工作。不许脱离现场，不准参与施工作业，不能做影响监护的任何工作。

（6）当作业人员发生意外时，监护人应穿戴好防护用品，采取科学的方法，给予有效抢救。严禁不讲科学、盲目蛮干而使事故扩大。

（7）监护人一般应由两人担任，对于时间长需要倒班监护的工作，应增加人员并轮换进行。但交班时，必须交代清楚。监护人必须具备一定的抢救经验，年老体弱者不能担任。

监护人对保证进入容器人员的安全是至关重要的，如有疏忽，应受到惩罚。

64. 焊接、气割作业时，一般的灭火措施有哪些？

（1）焊接、气割时，作业地点应备有足够数量的灭火器、清水及黄沙等消防器材。

（2）如发现焊割设备有漏气现象，应立即停止工作并检查、消除。当气体导管或软管漏气着火时，首先应将焊（割）炬的火焰熄灭，并立即关闭阀门，用湿布、石棉布等扑灭燃烧气体。

（3）乙炔气瓶口着火时，应立即关闭瓶阀，停止气体流出。

（4）乙炔气燃烧可用二氧化碳、干粉灭火器扑灭；丙酮燃烧可用泡沫、干粉、二氧化碳灭火器扑灭；当气瓶库发生火灾或邻近发生火灾威胁到气瓶库安全时，应采取安全措施，将气瓶移至安全场所。

（5）一般可燃物着火，可用酸碱灭火器或清水扑灭；油类着火应用泡沫、二氧化碳或干粉灭火器扑灭。

（6）弧焊机着火应首先拉闸断电，然后再灭火，在未断电前不能用水或泡沫灭火器灭火，只能用二氧化碳、干粉灭火器灭火（因为水和泡沫灭火时液体能导电，容易触电伤人）。

（7）发生火警或爆炸事故，必须立即向当地公安消防部门报警，根据"三不放过"的要求认真查清事故原因，严肃处理事故责任者，直至追究刑事责任。

65. 常用的灭火器材有哪些？其特点是什么？

（1）二氧化碳灭火器。二氧化碳灭火器里的二氧化碳是以液态灌装的，它极易挥发成气体，其体积能扩大 760 倍。由于汽化吸收热量的关系，液态二氧化碳被喷出后马上变成干冰。这种霜状的干冰喷向着火处，立即汽化，把燃烧处包围起来，起到隔绝氧气的作用。同时，二氧化碳是不导电的，所以也能用来扑救电气装置的火灾。

使用时应当注意，由于二氧化碳灭火剂的冷却作用较差，当火焰熄灭后，着火物质或设备的温度可能仍在燃点以上，还会有发生复燃的可能，故二氧化碳不适用于空旷地域的灭火。二氧化碳灭火器也有它的局限性，它不宜扑救金属钠、钾、镁粉、铝粉和铅锰合金等物质的火灾，因为它会同这些物质发生化学作用而产生更多的热量。此外，吸入一定量的二氧化碳，能够使人窒息。当空气中二氧化碳体积分数达 5% 时，人的呼吸就会发生困难。

（2）干粉灭火器。干粉灭火器是一种比较常用的灭火器。其粉末的主要成分是硫酸钠等盐类物质，并加入适量的润滑剂和防潮剂，在灭火器内还装有二氧化碳作为喷射的动力。

干粉灭火器喷出的灭火粉末，盖在固体燃烧物上，能够生成阻碍燃烧的隔离层，而且通过受热还会分解出不燃烧气体，这样可以稀释燃烧区域中的含氧量。同时，干粉还有中断燃烧连锁反应的作用，因此它的灭火速度快。干粉灭火器综合了泡沫灭火器和二氧化碳灭火器的优点，适用于扑救油类、可燃气体、电器设备和遇水能燃烧等物品的初起火灾。

使用干粉灭火器应当注意，它不适用于扑灭旋转式直流焊机的火灾。

66. 气瓶发生爆炸主要有哪些原因?

（1）气瓶的材质、结构或制造工艺不符合安全要求，如材料抗冲击值低，瓶体严重腐蚀，瓶壁厚薄不匀，有夹层等。

（2）由于保管和使用不善，受日光暴晒、明火、热辐射等作用，使瓶温过高，压力剧增，直至超过瓶体材料强度极限，发生爆炸。

实验表明，氧气瓶在盛夏的阳光直接暴晒下，瓶壁受热升温可达 100 ℃以上；将氢气瓶放于太阳光下暴晒，瓶温每升高 2 ℃，瓶内压力就增大 0.1 MPa。

液化石油气瓶在 -40 ℃ 时压力为 0.1 MPa，在 20 ℃ 时为 0.7 MPa，在 40 ℃时压力上升达 2 MPa；乙炔气瓶受热超过 30 ℃时，乙炔在丙酮里溶解度降低，压力大大升高。

氧气瓶一般是在温度为 20 ℃，压力为 15 MPa 的条件下充灌的，随瓶温的增高，瓶内气压也增大。

（3）在搬运装卸时，气瓶发生从高处坠落、倾倒或滚动等剧烈碰撞冲击。

（4）开气速度太快，气体含有水珠、铁锈等微粒，高速流经瓶阀时产生静电火花。

（5）气瓶瓶阀由于没有瓶帽保护，受振动或使用方法不当等，造成密封不严、泄漏甚至瓶阀损坏。

（6）氧气瓶瓶阀、阀门杆或减压器等上沾有油脂，或氧气瓶混入其他可燃气体。

（7）乙炔瓶内填充的多孔物质下沉，产生净空间，使乙炔气处于高压状态。乙炔瓶处于卧放状态，或大量使用乙炔时，丙酮随之流出。

（8）石油气瓶充灌过满，受热时瓶内压力剧增。

（9）气瓶没有定期做技术检验。

67. 使用氧气瓶应采取哪些防爆措施?

（1）为了保证安全，氧气瓶在出厂前必须按照《气瓶安全监察规程》的规定，严格进行技术检验。检验合格后，应在气瓶的球面部分做出明显的标志，标明瓶号、工作压力和试验压力、下次试压日期、瓶的容量和质量、制造工厂和制造年月等。

（2）充灌氧气瓶时必须首先进行外部检查，使用时还要化验鉴别瓶内气体，不得随意充灌。气瓶充灌时，气体流速不能过快，否则会造成气瓶过热、压力剧增，而造成危险。

（3）在运输、储存和使用过程中应避免气瓶受剧烈振动和碰撞冲击。尤其是冬天，瓶体金属更容易发生脆裂而导致爆炸。气瓶应戴有安全帽，防止摔断瓶阀，造成事故。搬运气瓶时，必须使用专门的抬架或小车，不得直接用肩膀扛运或用手直接搬运。车辆运输时，应用波浪形瓶架等将气瓶妥善固定，最好垫上橡皮或其他软物，以减少振动。应轻装轻卸，严禁从高处滑下、在地面上滚动或用起重设备直接吊运钢瓶。

（4）在运输、储存和使用过程中，都要防止氧气瓶直接受热。夏季用车辆运输和在室外使用气瓶时，应加以覆盖，避免阳光暴晒。气瓶库房和使用气瓶时，都要远离高温、明火、熔融金属飞溅物和易燃易爆物质等。

（5）使用氧气瓶前，应进行外部检查，检查的重点是瓶阀、接管螺栓、减压器等是否有缺欠，如发现有漏气、滑扣等不正常现象，应及时报请维修，不可随便处理。检查漏气时可用肥皂水，切忌使用明火。

（6）气瓶内气体不得全部用尽，至少保留 0.1~0.3 MPa 的压力，并关紧阀门，防止漏气，使气压保持正压，以便充气时检验和防止空气或可燃气体倒流入氧气瓶内。

（7）气瓶与电焊设备在同一地点使用时，如果气瓶有带电的可能性，瓶底应垫上绝缘物，以防气瓶带电。与气瓶接触的管道和设备要有接地装置，防止产生静电造成燃烧和爆炸。

（8）冬季使用气瓶时，瓶阀可能有结冰现象，这是由于高压气体从钢瓶排出流动时吸收周围热量的缘故。可以用热水或水蒸气解冻，严禁使用火焰烘烤或用铁器猛击瓶阀，不能猛拧减压器的调节螺栓，以防气体大量冲出，造成事故。

（9）氧气瓶阀不得沾有油脂，焊工不得用沾有油脂的工具、手套或有油污的工作服去接触氧气瓶或减压器等。氧气瓶不得与油类物质、可燃气体钢瓶同车运输或在一起存放。

（10）氧气瓶着火时，应迅速关闭阀门，停止供氧，火苗会自行熄灭。如邻近建筑物或可燃物失火，应尽快将氧气瓶移到安全地点，防止受火场高热影响而引起爆炸。

68. 使用乙炔气瓶应采取哪些防爆措施？

（1）同上题氧气瓶防爆措施的（1）~（8）条（其中气瓶的出厂检验应按照《溶解乙炔气瓶安全监察规程》的规定进行）。

（2）乙炔瓶使用时只能直立，不能横躺卧放，以防丙酮流出，引起燃烧爆炸（丙酮蒸气与空气混合气的爆炸极限为 2.9%~13%）。

（3）乙炔瓶体表面的温度不应超过 40 ℃，因为瓶温过高会降低丙酮对乙炔的溶解度，使瓶内乙炔压力急剧增高。乙炔在丙酮内的溶解度随着温度升高而减少。在标准气压下，室温 15 ℃时，1 L 丙酮可溶解 23 L 乙炔，室温 30 ℃时为 16 L，室温 40 ℃时为 13 L。

（4）乙炔瓶不应遭受剧烈的振动或撞击，以免瓶内的多孔性填料下沉而形成空洞。

69. 使用液化石油气瓶应采取哪些防爆措施？

（1）气瓶必须符合《气瓶安全监察规程》的规定。使用过程中应定期做水压试验。

（2）气瓶不能充满液体，必须留出 10%~15% 的汽化空间。

（3）石油气对普通橡胶导管有腐蚀作用，应采用耐油性强的橡胶导管和衬垫。不得随意更换，以防腐蚀漏气。

（4）冬季使用液化石油气瓶可用 40 ℃以下温水加热，不得靠近炉火和暖气片。严禁用火烤或用沸水加热。

（5）石油气比空气重，易于向低处流动，在存放气瓶室内的下水道口应设置安全水封，在电缆沟进出口应填沙土；在暖气沟进出口应砌砖抹灰，以防止石油气进入其中而发生火灾或爆炸。

室内的高处和低处都应设置通风孔，以利于空气对流。

（6）使用液化石油气瓶进行气焊、气割时，点火操作的顺序应为先点燃引火物，后打开瓶阀，不要颠倒次序。

（7）不得自行倒出石油气残液，以防遇火引起火灾。

70. 使用液化石油气为什么要特别注意防火安全?

液化石油气究竟有哪些易燃、易爆的特征？要注意哪些防火安全问题呢？概括起来，有以下几个方面。

（1）液化石油气是一种被压缩液化了的石油气体，它在气体状态时比空气重（约为空气密度的 1.5 倍），容易在地面及低洼处积聚，形成气囊，一遇明火将会造成火灾。

（2）液化石油气气体和空气混合达一定比例（石油气占 2% ~ 10%）时，遇火即能引起爆炸。尤其是它的爆炸下限比较低，如果在室内，只要达到 2% 浓度时，遇火就能爆炸。

（3）气瓶内的压力（即液化石油气的饱和蒸气压力）是随温度的升高而相应增加的。

（4）液化石油气的受热膨胀性能极强。

（5）液化石油气瓶是一种受压容器。

由于液化石油气具有上述可能引起燃烧和爆炸的种种特性，因此在使用过程中应特别注意防火，采取必要的安全措施。要经常检查气瓶附件及管路连接等处是否漏气。气瓶使用后，必须关紧瓶阀，防止漏气。液化石油气瓶要很好地加以维护保养和定期检验。

71. 为什么气瓶不能接触高温和明火？

使用气瓶如果处置不当，也可以造成爆炸事故。若气瓶受到阳光、热辐射等高温作用，瓶内气体受热膨胀，压力增加，当压力超过气瓶能承受的允许压力时，将发生严重的爆炸事故。例如，乙炔气瓶在受热超过500 ℃时，乙炔在丙酮中的溶解度大为降低，从而气体压力大大增加，就有可能引起气瓶的爆炸。

盛装易燃、易爆气体的气瓶，如果漏气，遇到明火就会引起火灾或爆炸事故。因此，这类气瓶应该严防接触明火。如果在使用场合有明火存在，则应保持一定的安全距离，并采取有效的隔离措施。

72. 为什么气瓶内要存留些剩余气体？

气瓶储存的气体种类很多，但不管是什么样的气瓶，储存何种气体，使用中都必须留有一定压力的剩余气体，使其他气体进不去。例如，氧气瓶应留有 0.1～0.2 MPa 表压，乙炔瓶内应留有 0.05～0.1 MPa表压。一般来说，余气压力不应低于 0.05 MPa 表压，如果已经达到这样的压力，应立即将瓶阀关紧，不让余气漏掉。

如果气瓶不留余气，可能侵入性能相抵触的气体。例如，氢氧焰切割钢板时，如果氢气瓶或氧气瓶不留余压，则往往会发生氢气灌入氧气瓶或氧气灌入氢气瓶的情况，而导致爆炸事故。在氢氧焰熄火后所形成的气体倒灌，即使当时未爆炸，混有氢气的氧气瓶或混有氧气的氢气瓶再次充气后,下一次使用时仍有发生爆炸的危险。同理,在用氧-乙炔焰焊割时,如果氧气瓶全部放空,不留余压,乙炔气就会倒灌进氧气瓶内,在下次动火使用时也会出现氧气瓶爆炸事故。

气瓶充气前,对每一只气瓶都要做余气检查,不留余气的气瓶不能充气。

73. 焊接时为什么会产生烧伤、烫伤和火灾?

违章操作开关产生的开关电弧、焊接电弧和飞溅的金属熔滴,红热的焊条头、灼热的药皮熔渣和红热焊件,这些都是可能造成灼伤事故的热源。

当焊接回路闭合(焊钳与地线相接)时合闸,或电弧正在燃烧时拉闸,都将造成开关电弧,即开关的接点产生电弧。这种电弧现象是很危险的。

为防止灼伤事故的发生,应采取以下措施。

(1)完好的工作服及防护用具是保护焊工身体免受灼伤的必需品。为了避免飞溅金属进入裤内致伤,短上衣不应塞在裤里,同时裤脚应散开。裤脚也不应该塞在靴子里。工作服的口袋应盖好,绝缘手套应完好,戴破手套工作会灼伤手。

(2)焊接电弧产生高温,用手套防护可以避免灼伤手臂,但在使用大电流时,尤其是粗丝二氧化碳保护焊时,焊钳上应有防护罩。

(3)红热的焊条头,扔在地上会烫伤别人的脚,扔在别人身上则会烫伤身体,故在高空作业更换焊条时,严禁乱扔焊条头。

(4)为防止操作开关时发生电弧灼伤,合开关时应将焊钳挂起来或放在绝缘板上,拉开关时必须先停止焊接。总之,应当在焊接线路完全断开、没有电流的情况下,方可操作开关。

（5）在预热焊件时，为避免灼伤，烧热的焊件部分应用石棉板盖起来，只露出焊接的一部分。

（6）仰焊和横焊时，飞溅会很严重，应加强防护。

（7）为防止清渣时灼烫的药皮烫伤眼睛，焊工应戴防护眼镜。防护眼镜应充分透明，不碍视力。

（8）碳弧气刨在狭窄处所使用时，应有特殊防护。

74. 如何对一般烧伤进行紧急救护?

一般烧伤会造成体液丧失，当受伤面暴露时，伤员易发生休克、感染等严重后果，甚至危及生命。因此应及时、正确地进行现场急救以减缓伤害，为医院抢救和治疗创造条件。

发生烧伤时，应沉着冷静，若周围无其他人员时，应立即自救，首先把烧着的衣服迅速脱下；若一时难以脱下时，应就地到水龙头下或水池（塘）边，用水浇或跳入水中；周围无水源时，应用手边的材料灭火，防止火势扩散。自救时切忌乱跑，也不要用手扑打火焰，以免引起面部、呼吸道和双手烧伤。

（1）小面积烧伤约为人体表面积的1%，深度为浅2度。小面积烧伤进行以下应急处理。

1）立即将伤肢用冷水冲淋或浸泡在冷水中，以降低温度，减轻疼痛与肿胀，如果局部烧烫伤较脏和污染时，可用肥皂水冲洗，但不可用力擦洗。如果眼睛被烧伤，应将面部浸入冷水中，并做睁眼、闭眼活动，浸泡时间至少在10 min以上。如果是身体躯干烧伤，无法用冷水浸泡时，可用冷湿毛巾敷患处。

2）患处冷却后，用灭菌纱布或干净布巾覆盖包扎。视情况待其自愈或转送医院进行进一步治疗。不要用紫药水、红药水、消炎粉等药物处理。

（2）大面积或中度烧伤进行以下应急处理。

1）局部冷却后对创面覆盖包扎。包扎时要稍加压力，紧贴创面不留空腔，如烧伤后出现水疱破裂，又有脏物，可用生理盐水（冷开水）冲洗，并保护创面，包扎时范围要大一些，防止污染伤口。

2）注意保持呼吸道畅通。

3）注意及时对休克伤员进行抢救。

4）注意处理其他严重损伤，如止血、骨折固定等。

5）在救护的同时迅速转送医院治疗。

（3）呼吸道烧伤进行以下应急处理。

1）保持呼吸道畅通。

2）颈部用冰袋冷敷，口内也可含冰块，以期收缩局部血管，减轻呼吸道梗阻。

3）立即转送医院进行进一步抢救。

第四部分 气焊与气割安全知识

75. 气焊、气割常用哪些火焰？会发生哪些事故？

最常用的气焊、气割火焰是氧-乙炔和氧-液化石油气火焰。乙炔气和液化石油气都是易燃易爆气体，氧气是活泼的助燃气体，若使用不当，极易发生燃烧爆炸事故。一般发生的爆炸事故有以下几种。

（1）乙炔自爆。

（2）乙炔-氧气混合气体爆炸。

（3）乙炔-空气混合气体爆炸。

（4）回火爆炸。

（5）乙炔与其他物质反应爆炸。

◎相关知识

所谓乙炔自爆，通常是指乙炔气体并没有和其他气体混合而自行爆炸。形成乙炔自爆的条件是温度和压力超标。

如图4-1所示为乙炔聚合作用与爆炸分解的划分区域曲线图。由图4-1可知，在温度低于540 ℃，压力小于3个大气压时，主要进行聚合过程。聚合作用是放热反应。乙炔气温度越高，其聚合速度越快，放出的热量就越多，从而促使聚合加剧，可能引起乙炔的爆炸。当压力为1.5个大气压而温度达580 ℃时，就能产生乙炔的爆炸分解。乙炔受压力越高，其聚合作用能够转化为爆炸分解所必需的温度就越低。

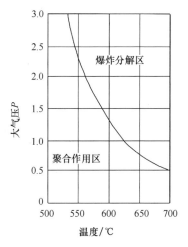

图 4-1 乙炔聚合作用与爆炸分解的划分区域曲线

乙炔-空气混合气体爆炸事故经常发生。在空气中只要乙炔含量在 2.2%~81%（体积分数）范围内（尤其是乙炔含量在 7%~13% 时），一遇高温、静电火花或明火就会发生爆炸。其破坏力虽比乙炔-氧气混合气爆炸力小，但它的爆炸范围很宽，而且爆炸波的扩展速度极快，破坏力也很大。

乙炔-氧气混合气体爆炸事故比乙炔-空气混合气体爆炸事故要少一些，但破坏力却很大。只要在氧气中含有 2.8%~93%（体积分数）的乙炔，遇到明火就会发生爆炸。尤其是当乙炔含量在 30%左右时，是最容易发生爆炸的，即使在大气压力下，达到了自燃温度也会发生爆炸。

76. 搬运和使用气瓶时应注意哪些事项?

（1）搬运气瓶时

1）禁止单人肩扛氧气瓶，如图 4-2a 所示。氧气瓶上无防振圈或气温在-10 ℃以下时，禁止用滚动方式搬运气瓶，如图 4-2b 所示，以防由于撞击产生火花而引起氧气瓶爆炸。

2）禁止用手托瓶帽来移动氧气瓶，如图4-3所示，以防瓶帽松脱而将氧气瓶摔倒。

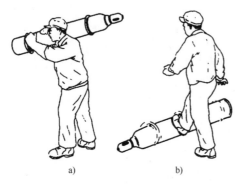
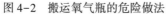

图4-2　搬运氧气瓶的危险做法　　　　图4-3　移动氧气瓶的错误做法

3）吊运溶解乙炔瓶时应用麻绳，如图4-4a所示，严禁用电磁起重机、铁链或钢丝绳，如图4-4b所示，以免钢瓶滑落或与钢瓶摩擦产生火花，而引起乙炔瓶爆炸。

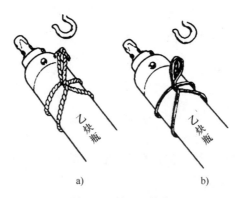

图4-4　吊运乙炔瓶

a）正确　b）错误

（2）使用气瓶时

1）使用中的氧气瓶，距溶解乙炔瓶、乙炔发生器、易燃易爆物品或其他明火的距离一般应不少于 10 m。在特殊情况下，如确实难以达到 10 m 时，应保证不少于 5 m，但必须加强防护。

2）取瓶帽时，只能用手或扳手旋取，如图 4-5a、b 所示，禁止用铁锤等铁器敲击，如图 4-5c 所示。

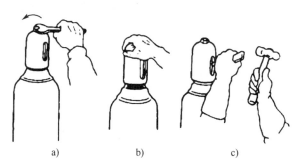

图 4-5　取氧气瓶帽

a）正确　b）正确　c）错误

3）在瓶阀上安装氧气减压器前，应旋动手轮，将瓶阀缓慢开启，以吹掉出气口处的杂质。装上减压器后要缓慢开启瓶阀，否则会因高速氧流速过急，产生静电火花，而引起减压器燃烧或爆炸。

4）禁止在带压力的氧气瓶上，以拧紧阀体和压紧螺母的方法来消除泄漏，如图 4-6 所示。

5）严禁让沾有油脂或易燃物质的手套、棉纱和工具等同氧气瓶、瓶阀、减压器及管路等接触，如图 4-7 所示，以防在压缩状态下的高压氧与油脂或易燃物产生自燃，而引起火灾或爆炸。

6）夏季在室外使用氧气瓶时，必须把它放在凉棚内，如图 4-8a 所示。不应放在露天，以免遭受阳光的强烈照射，如图 4-8b 所示，否则会因瓶内氧气体积的急剧膨胀而引起气瓶爆炸。

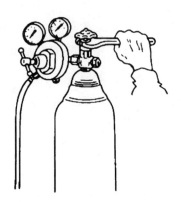 

图 4-6　带压状态下消除瓶阀　　　　图 4-7　油脂污染氧气瓶的
　　　　　泄漏的错误动作　　　　　　　　　　危险做法

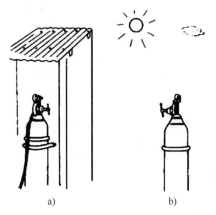

a)　　　　　　　　　b)

图 4-8　夏季在室外使用氧气瓶

a) 正确　b) 错误

7）检查氧气瓶瓶口是否泄漏时，可用肥皂水涂在瓶口上试验，如图 4-9 所示。若有气泡出现，则说明该处有泄漏，应采取有效措施将其消除。

8）氧气瓶内的余氧不能全部用完，如图 4-10 所示。在一般情况下，应留有 0.1~0.2 MPa 的余气，以便重新充装氧气时吹除瓶口灰尘和防止其他气体或杂质侵入瓶内。若将余氧放尽，当重新充装氧气时，制氧站在充气前还要对气瓶进行清洗，这就给充氧带来了不必要的麻烦。

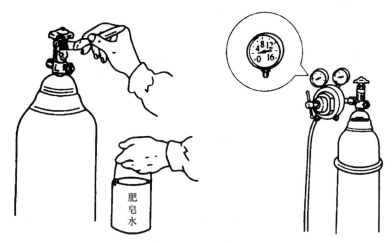

图 4-9　检查氧气瓶口的泄漏　　图 4-10　氧气瓶内剩余氧气

9）使用溶解乙炔瓶时应直立放置，如图 4-11a 所示；不能卧放使用，如图 4-11b 所示。因卧放会使丙酮随乙炔流出，甚至会通过减压器而流入乙炔气软管和焊、割炬内。这是非常危险的。一旦要使用已卧放的溶解乙炔瓶，必须先将其直立 20 min，然后再连接乙炔减压器使用。

10）溶解乙炔瓶体的表面温度不应超过 40 ℃。因乙炔瓶温度过高会降低丙酮对乙炔气的溶解度，而使瓶内的乙炔压力急剧增高。故当瓶体温度超过规定温度时，应喷水进行冷却。

11）乙炔减压器与溶解乙炔瓶阀的连接必须可靠，严禁在漏气的情况下使用，否则会形成乙炔与空气的混合气体，一旦触及明火将

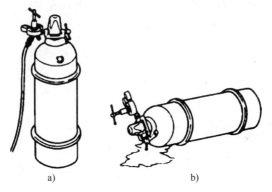

图4-11　乙炔瓶的使用

a）正确　b）错误

造成火灾或爆炸事故。

12）使用的压力在乙炔压力表上不允许超过0.15 MPa。

77. 气焊与气割安全操作有哪些要求?

（1）气焊与气割作业人员未经专门培训，不懂安全操作知识，不得进行气焊、气割作业。

（2）未经办理动用明火手续或未经主管部门（主管人）批准，不得进行气焊、气割作业。

（3）不了解作业地点有无易燃易爆物品，不了解被气焊、气割工件内部是否有易燃易爆、有毒有害危险品时，不得进行气焊、气割作业。

（4）盛装过易燃易爆等危险物品的容器，在没有彻底清理干净前及未经有关部门检查、批准的情况下，不得进行气焊、气割作业。

（5）用可燃材料制作保温层的部位及火星能飞溅到的地方，应采取可靠的安全措施，否则不得进行气焊、气割作业。

（6）有压力或密封的管道、容器等未经确认已经释放压力，易燃、易爆、有毒等危险化学品未经彻底置换并经检测浓度及氧含量合格的情况下，不得进行气焊、气割作业。

（7）禁火区内未经办理动火证、未经主管部门（主管人）批准，不得进行气焊、气割作业。

（8）进入设备、舱室等狭窄场所进行气焊、气割作业必须事先了解内部情况，如直接通入的电源、水管、蒸汽管、压力管等，首先要切断电源、气源或物料来源，并且作业时要挂警告牌（如"不准合闸""不准启动"等），以引起其他人员注意。

（9）进入容器进行气焊、气割作业时，应有专人进行监护（监护人不得离开现场），并要和容器内的作业人员经常取得联系。

（10）对气焊、气割作业人员必须经常进行消防知识的培训，掌握安全防火知识，了解各种性能的灭火器材和灭火措施。

78. 在使用氧气时，为什么要避免它与油脂接触?

氧气本身不会燃烧，但是它是一种活泼的助燃气体。气焊与气割就是利用乙炔和氧气的燃烧作为热源，但是氧气的助燃作用也有不利的一面，即在压缩状态下（由氧气瓶里出来）与油脂接触时，能够剧烈燃烧，常成为失火或爆炸的原因。因此，使用氧气时，尤其在压缩状态下，必须注意，不要使它与易燃的物质相接触，特别是氧气瓶的瓶嘴、氧气表、氧气软管、焊炬、割炬等不可沾染油脂。

◎事故案例

某年9月12日，某耐火材料厂三车间一台压砖机的拉杆断裂，需进行气割作业。一名气割工戴着沾有油脂的手套安装氧气瓶上的减压器，装好后未进行检查。当开启氧气瓶阀时，发现减压器与瓶嘴连接处漏气，他便脱下手套，把手伸到沾有油脂的氧气瓶嘴漏气处检查，突然一股火焰喷射出来，将其右手虎口烧伤。幸亏现场另一名工人立即将瓶阀关闭，避免了事故的扩大，否则后果不堪设想。

79. 对气焊、气割作业地点有哪些安全要求？

（1）气焊、气割的作业地点，消防设施必须配备齐全。

（2）作业地点存有大量易燃易爆物品且又不能采取可靠的防护措施时，禁止进行焊接与切割作业。

（3）作业地点有可能形成爆炸性气体、蒸气或聚积爆炸性粉尘时，禁止进行焊接与切割作业。

（4）易燃易爆物品与作业点的距离不得小于 10 m。

（5）作业场地要有良好的通风排毒设施，以防中毒等事故发生。

80. 拆钢结构气割时，要注意哪些问题？

拆钢结构气割时，操作者在整个操作过程中和移动位置时应考虑是否安全，并应注意气割方向和顺序，当每个零件割到最后断开时，注意割断的零件掉落下来是否有伤及别人的危险。

81. 气焊工和气割工应怎样预防砸伤和眼伤？

（1）长时间的操作，因受红外线的照射会引起眼睛发炎，因此必须戴防护眼镜保护眼睛。

（2）在敲击氧化皮、熔渣时，要防止崩伤眼睛。

（3）在高空作业时，不但自身要系好安全带，而且要防止割下的钢材坠落伤人。

（4）在吊运钢材摆放到气割平台上和吊走割好的钢材时，要防止钢材掉落伤人。

82. 气焊工和气割工应怎样预防烫伤和烧伤?

（1）为了防止被飞溅的熔渣、铁液或火星烧伤、烫伤和强光灼伤，操作时个人护具应穿戴整齐，扣好纽扣，不要裸露皮肤。室外操作时，尽可能站在上风位置。

（2）点火要用点火器，不能随意取用点燃的纸张点火，要把喷嘴朝向前方。

（3）要避免身体接触气焊或气割后的高温部位，或割下的红热金属与焊丝头等，防止被烫伤。

（4）气割已腐蚀的物体时，事先要敲击掉铁锈、脏物，否则铁锈、脏物会爆溅开来烫伤皮肤。

（5）已经点燃的焊炬（或割炬）不能乱挥动，要注意周围工人的安全。

（6）进行仰割时，要在耳内塞上耳塞，防止火星溅入耳内。

（7）操作光电跟踪气割机时，要避免用手接触高温光源。

83. 如何保证气焊、气割安全操作?

（1）每个减压器只准接一把焊炬或割炬。

（2）氧气与乙炔软管的颜色必须区分开且不得互换使用，要保证软管的完好。

（3）操作前，应检查焊炬、割炬和输气管是否漏气，各个接头是否牢固和漏气，焊接嘴与切割嘴是否堵塞。

（4）对盛装过易燃易爆物品、强氧化剂和有毒物品的工件，必须彻底清洗干净后，方可进行焊接或切割。

（5）在地沟等狭窄和通风不良的受限空间进行焊接或切割时，要按动火作业程序处理；另外要注意通风和设专人监护。

（6）严禁在带压、带电的工件上进行焊接与切割。

（7）不得直接在水泥地面上切割金属，以防爆炸伤人和引起火灾。

（8）禁止焊接与切割悬挂在起重机上的工件。

（9）氧气软管爆炸燃烧时，应立即关闭氧气瓶阀。

（10）焊接与切割工作结束时，应及时关闭气源，拆除减压器或旋松减压器的调节顶针。重新开启氧气和乙炔瓶阀前，必须确认减压器的调节顶针处在松开位置，方准开启瓶阀。

（11）飞溅的熔渣堵塞喷嘴和焊嘴、割嘴过热是造成回火的主要原因，因此在焊接与切割过程中要注意保持焊嘴、割嘴与工件表面的距离。

（12）焊工个人防护用品应完好且穿戴齐全并符合要求。

（13）应严格执行国家标准《焊接与切割安全》（GB 9448—1999）的有关规定。

（14）特殊环境下的焊接与切割安全操作另行介绍。

（15）气割的可燃气体采用液化石油气时，由于其密度比空气大，因此室内和地沟内的气割作业要注意防止室内下部和沟底滞留、积存液化石油气。

◎**事故案例**

某建筑队气焊工在施焊时，发现焊炬漏气却没有进行检修，违章使用。并且氧气减压器和瓶阀沾有油脂，当调节氧气压力时，在压缩纯氧强烈氧化作用下，引起剧烈燃烧。先是气焊工的手心被调节手轮处冒出的火苗烧伤起疱，后在施焊过程中发生回火，氧气软管爆炸，减压器着火并烧毁，在关闭气瓶阀门时，氧气瓶体上半部已烫手，非常危险。

84. 使用乙炔时必须注意哪些安全要求?

（1）在任何情况下，都应注意避免在容器或管道（如气瓶、乙炔或氧气软管）里形成乙炔与空气（或氧气）的爆炸性混合气。

（2）在气焊与气割操作中，一旦形成了乙炔与空气（或氧气）的爆炸性混合气（如发生回火的软管里或者在焊补的燃料容器里等），必须采取安全措施彻底排除后，才能给焊（割）炬点火或者进行焊补动火。

（3）乙炔着火时，严禁使用四氯化碳灭火器扑救。否则除了有爆炸危险外，还会产生有毒气体光气。

（4）乙炔不得与铜、银等金属长期接触。

（5）乙炔发生器的零件，如管接头、阀门、衬垫及其他附件损坏时，不得用银和铜制造的零件替换；某些容易腐蚀生锈的管件需用铜制零件替换时，含铜量应低于70%。

（6）安全规则规定，乙炔工作压力为 0.007~0.15 MPa 的中压乙炔管道，应采用无缝钢管，其内径不应超过 80 mm；工作压力为 0.15~2.5 MPa 的高压乙炔管道，应采用无缝钢管，其内径不应超过 20 mm 等。这说明限制乙炔管道的直径是防爆的一种技术措施。在使用过程中不得随便用大管径的管道。

（7）凡是安全规则规定采取的上述有关减少乙炔爆炸危险性的措施，在实际工作中必须严格遵照执行。

85. 使用气焊与气割用工具、设备时，有哪些安全要求?

（1）气焊、气割所使用的气体钢瓶减压器（如氧气、乙炔、丙烷等）应注意保护好，防止损坏；当压力表指针失灵时应立即修理或调换。

（2）应经常检查使用的软管，如发现裂纹、老化、烧焦、刺孔、漏气等应立即更换，防止发生漏气事故。

（3）对集体供气的汇流排操作应严格遵守安全操作规程，设备设施要有专人管理。

（4）使用前应检查焊（割）炬是否正常，如发现漏气、阀门不严、无射吸力，应禁止使用，并进行修理或更换。

（5）使用各种火焰切割机前应认真阅读说明书，严格按有关要求和安全操作规程进行，如有故障应送交专业修理人员进行修理。

86. 气焊与气割操作时，发生乙炔或氧气软管爆炸的主要原因有哪些?

（1）软管里已形成了乙炔与氧气或乙炔与空气的混合气。

（2）由于回火引起软管爆炸。

（3）由于挤压硬伤、磨损、腐蚀或保管维护不善，致使软管老化、强度降低或漏气。

（4）制造质量不符合安全要求。

（5）氧气软管沾有油脂或因高速气流产生静电火花等。

87. 使用氧气与乙炔软管时，有哪些安全要求?

用于输送氧气与乙炔的软管由内、外胶层和中间棉织纤维层组成，整个软管需经过特殊的化学加工处理，以抵抗其高度燃烧性。软管的制造、保存、运输和使用应注意以下安全要求。

（1）应按照国家标准《气体焊接设备　焊接、切割和类似作业用橡胶软管》（GB/T 2550—2016）规定，保证制造质量。软管应具有足够的抗压强度和阻燃特性。

（2）橡胶软管须经压力试验。氧气软管试验压力为 2 MPa，乙炔软管试验压力为 0.5 MPa。未经压力试验的代用品及变质、老化、脆裂、漏气的软管及沾上油脂的软管禁止使用。

（3）在保存、运输和使用软管时必须维护、保持软管的清洁和不受损坏。例如，避免阳光暴晒、雨雪浸淋，防止与酸、碱、油类及其他有机溶剂等影响软管质量的物质接触。存放温度为 -15~40 ℃；距离热源应不小于 1 m。如果由于保存和使用时维护不善，或软管使用日久而老化脆硬，这时软管内的硫黄被分解出来，常常会因此引起回火爆炸事故。

（4）新软管在使用前，必须先把软管内壁上的滑石粉吹除干净，防止焊炬或割炬的通道被堵塞。在使用中应避免受外界挤压和机械损伤，并且不得与上述影响软管质量的物质接触，不得将软管折叠。

（5）氧气与乙炔软管不准互相代用和混用，不准用氧气吹除乙炔软管里的堵塞物。同时应随时检查和消除焊（割）炬的漏气、堵塞等缺欠，防止在软管内形成氧气与乙炔的混合气体。现行国家标准规定氧气软管为蓝色，内径为 8 mm，软管工作压力为 1.5 MPa 以下；乙炔软管为红色，内径为 10 mm，软管工作压力为 0.5 MPa 或 1 MPa 以下两种。

（6）乙炔软管使用中发生脱落、破裂、着火时，应先将焊炬或割炬的火焰熄灭，然后停止供气。氧气软管着火时，应迅速关闭氧气瓶阀门，停止供氧。不准用弯折的办法来消除氧气软管着火，乙炔软管着火时可用弯折前面一段软管的办法来将火熄灭。

（7）如果发生回火倒燃进入氧气软管现象，则不可继续使用，必须更换新的氧气软管。因为回火常常将软管的内胶层烧坏。

（8）气割操作需要较大的氧气输出量，因此与氧气表高压端连接的气瓶（或氧气管道）阀门应全打开，以保证提供足够的流量和稳定的压力。要防止压力不足，使用时突然下降，此时容易发生回火，并可倒燃进入氧气软管而引起爆炸。

（9）软管长度一般为 10～15 m。不准使用过短或过长的软管。接头处必须用专用卡子或退火的金属丝卡紧扎牢。

（10）禁止把橡胶软管放在高温管道或电线上，禁止把重的或热的物件压在橡胶软管上，也不准将软管与焊接用的导线敷设在一起。使用时应防止割破。若软管经过车行道，应加护套或盖板。

88. 使用氧气瓶时，应注意些什么？

（1）每个气瓶必须在定期检验的周期内使用，且色标明显，瓶帽齐全。氧气瓶应与其他易燃气瓶、油脂和其他易燃物品分开保存，严禁与乙炔等可燃气体的气瓶混放在一起或者同车运输，必须保证规定的安全距离。储运时，瓶阀应戴安全帽，防止损坏瓶阀而发生事故。禁止用吊车吊运氧气瓶。

（2）瓶体要装防振圈，应轻装轻卸，避免受到剧烈振动和撞击，防止因气体膨胀而发生爆炸。

（3）氧气瓶附件有故障或缺损，阀门螺杆滑牙时应停止使用。

（4）禁止使用没有减压器的氧气瓶。

（5）夏季使用时要放在阴凉地点或采取防晒措施，不得靠近热源。

（6）安装减压器前要稍打开氧气瓶阀，吹出瓶嘴污物，以防灰尘和水分带入减压器，气瓶嘴阀开启时应将减压器调节螺栓放松。

（7）安装减压器时，必须防止管接头螺纹滑牙，以免旋装不牢而射出伤人。

（8）开启氧气阀门时，要使用专用工具，不得用手掌满握手柄开启瓶阀，开启速度要缓慢，人应在瓶体一侧且人体和面部应避开出气口及减压器的表盘，同时观察压力表指针是否灵活、正常。

（9）瓶阀冻结时，可用热水或蒸汽加热解冻，严禁敲击和用火焰加热。

（10）现场使用的氧气瓶应尽可能垂直立放，或放置到专用的瓶架上，或放在比较安全的地方，以免碰倒发生事故。

（11）氧气瓶中的氧气不允许全部用完，剩余压力必须留有0.1～0.2 MPa，并将阀门拧紧，写上"空瓶"标记。

（12）当氧气瓶与电焊在同一工作地点时，瓶底应垫绝缘物，防止被串入焊机二次回路。

（13）禁止用氧气对局部焊接部位通风换气。

（14）禁止用氧气代替压缩空气吹净工作服、乙炔管道，或用作试压和气动工具的气源。

◎**事故案例（1）**

某厂一名青年工人工作时衣服沾上大量灰尘，他违反氧气瓶使用安全规程，随手将割炬上的氧气橡胶软管拆下，用氧气吹扫衣服上的灰尘，当其解开帆布工作服纽扣、松开裤带进行吹扫时，"轰"的一声，工作服起火燃烧，这是由于氧气橡胶软管内喷射出的纯氧流速很快，与该青年工人身上的化纤内衣剧烈摩擦产生静电而使工作服起火，造成该青年工人被火烧伤。

◎事故案例（2）

某年夏季，某厂一名焊工用低氢型碱性焊条在容器内施焊，容器内烟气弥漫，又闷又热，施焊焊工胸闷咳嗽。在容器外部的焊工为了通风换气，采取了一种无知的违章行为，用氧气软管向容器内吹送氧气，导致容器内空间处于富氧状态。氧是强氧化剂，遇焊接明火，具备了起火条件，结果造成容器内突然起火，火势迅猛，将容器内焊工烧死。

◎事故案例（3）

某厂的3名青年焊工到地沟里排除积水，由于水面上有一层油，油的蒸气使焊工感到胸闷，焊接组长用氧气软管向地沟吹送氧气。随即组长下地沟去找焊工，他手持香烟刚下到梯子的一半时，地沟突然起火。3名焊工被烧伤，在送往医院后均因呼吸系统严重烧伤，抢救无效死亡。

89. 使用乙炔瓶时，应注意些什么？

乙炔瓶发生着火爆炸事故的原因除了与氧气瓶基本相同外，还有以下原因：乙炔瓶内填充的多孔物质下沉，产生净空间，使部分乙炔处于高压状态；乙炔瓶横躺卧放，使用乙炔时丙酮随之流出；乙炔瓶阀漏气等。

乙炔瓶安全使用的要点如下。

（1）不得靠近热源或在阳光下暴晒。瓶体表面温度不得超过40 ℃。瓶温过高会降低丙酮对乙炔的溶解度，导致瓶内乙炔压力急剧增高。在正常大气压下，温度15 ℃时，1 L丙酮可溶解23 L乙炔，30 ℃为16 L，40 ℃时为13 L。因此，在使用过程中要经常用手触摸瓶壁，如局部温度升高超过40 ℃（会有些烫手），应立即停止使用。

（2）乙炔瓶在使用、运输、储存时，必须直立固定、存放和使用，禁止卧放使用，以防丙酮流出引起燃烧爆炸（丙酮与空气混合气的爆炸极限为2.9%~13%）。乙炔瓶直立牢靠后，应静候20 min左右，才能装上减压器使用。开启乙炔瓶的瓶阀时，不要超过一圈半，一般情况下只开启3/4圈。

（3）瓶内气体不得用尽，必须留有一定余压。当环境温度小于0 ℃时，余压为0.05 MPa；当环境温度为0~15 ℃时，余压为0.1 MPa；当环境温度为15~25 ℃时，余压为0.2 MPa；当环境温度为25~40 ℃时，余压为0.3 MPa。

（4）瓶阀应戴安全帽储运，瓶体要有防振圈，应轻装轻卸，防止因剧烈振动和撞击引起爆炸。

（5）瓶阀冻结，严禁敲击和火焰加热，只可用热水或蒸汽加热瓶阀解冻，不许用热水或蒸汽加热瓶体。

（6）乙炔瓶必须配备减压器方可使用。

（7）焊接工作地乙炔瓶存量不得超过5只。超过时，车间内应有单独的储存间。若超过20只，应放置在乙炔瓶库。

（8）乙炔瓶严禁与氯气瓶、氧气瓶、电石及其他易燃易爆物品同库存放。作业点与氧气瓶、明火相互间距至少为10 m。

90. 使用液化石油气瓶时，应注意些什么？

（1）液化石油气瓶充灌过满，受热时瓶内压力剧增。必须按规定留出气化空间。

（2）衬垫、软管等必须采用耐油性强的橡胶，不得随意更换衬垫和软管，以防因受腐蚀而发生漏气。

（3）气瓶应直立放置。使用前，可用毛刷蘸肥皂液，从瓶阀处涂刷，一直检查到焊、割炬，并观察是否有气泡产生，以此检验供气系统的密封性。

（4）钢瓶的使用温度为−40~60 ℃，绝对不允许超过 60 ℃，冬季使用可在用气过程中以低于 40 ℃的温水加热。严禁用火烤或沸水加热，不得靠近炉火和暖气片等热源。

（5）使用和储存液化石油气瓶的车间和库房下水道的排出口，应设置安全水封，电缆沟进出口应填装沙土，暖气沟进出口应砌砖抹灰，防止气体窜入其中发生火灾爆炸。室内通风孔除设在高处外，低处亦应设有通风孔，以利于空气对流。

（6）搬运或使用时，禁止剧烈振动和撞击。

（7）不得自行倒出石油气残液，以防遇火成灾。

（8）液化石油气瓶出口连接的减压器，应经常检查其性能是否正常。减压器的作用不仅是把瓶内的液化石油气压力从高压减到 3.51 kPa 的低压，而且在切割时，如果氧气倒流入液化气系统，减压器的高压端还能自动封闭，具有逆止作用。

91. 如何安全使用减压器?

（1）在装减压器前应首先检查连接螺钉规格是否相符合，螺纹是否有损坏。

（2）严禁氧气减压器与油脂接触，以免发生火灾事故。

（3）安装减压器前应先将气瓶阀连接处的灰尘脏物吹除，然后才能装上减压器。在开启气瓶阀时，操作者不应站在减压器的正面或气瓶阀出口前面。

（4）开启减压器时，应缓慢旋转调压螺钉以防止高压气体突然冲到低压气室，而使弹性薄膜装置或低压压力表损坏。

（5）开启减压阀前的高压管路（气瓶阀或管路阀）时，应缓慢地旋开，在通气后再逐渐扩大，以免发生事故。

（6）减压器停止使用时，必须把调压螺钉旋松，并把减压器内的气体全部放掉，直到低压压力表的指针指向零值为止。

（7）减压器必须妥善保存，避免撞击和振动，并且不要存放在有腐蚀性介质的场合。

（8）减压器上的压力表应保持完好并定期校验。若发现减压器有损坏、漏气或产生其他故障时，应立即停止使用，应由专人或有经验的人员修理，其他人员不得随意拆卸，经检修后才能使用。

（9）减压器冻结时，可用热水或蒸汽解冻，不允许用火烤。

（10）氧、乙炔减压器不得相互换用。

（11）工作结束应及时将减压器从气瓶上拆除，并妥善保管。

92. 减压器常见故障有哪些？如何消除？

减压器由于使用不当或其他原因可能产生各种故障，现将其故障特征、可能产生的原因及消除方法列于表 4-1 中。

表 4-1　减压器常见故障及消除方法

故障特征	可能产生的原因	消除方法
减压器连接部分漏气	1. 螺钉配合松动 2. 垫圈损坏	1. 把螺母扳紧 2. 调换垫圈
安全阀漏气	活门垫料与弹簧产生变形	调整弹簧或更换活门垫料
减压器罩壳漏气	弹性薄膜装置中的膜片损坏	应拆开装置后更换膜片

续表

故障特征	可能产生的原因	消除方法
调节螺钉虽已旋松，但低压压力表有缓慢上升的自流现象（或称直风）	1. 减压活门或活门座上有污物 2. 减压活门或活门座损坏 3. 副弹簧损坏	1. 去除污物 2. 调换减压活门 3. 调换副弹簧
减压器使用时，遇到压力下降过大	减压活门副密封不良或有污物	去除污物或调换密封垫料
工作过程中，发现气体供应不上或压力表指针有较大摆动	减压活门产生了冻结现象	用热水或蒸汽加热方法消除，切不可用明火加温，以免发生事故
高低压力表指针不回到零	压力表损坏	修理或调换后再使用

93. 如何安全使用焊炬和割炬?

焊炬和割炬是气体火焰焊接与切割的重要工具，如果使用不当，同样会造成火灾和爆炸事故。因此，必须了解和掌握焊炬、割炬的安全操作要点。

（1）根据工件的厚度，选择适当的焊炬、割炬及焊嘴、割嘴，避免使用焊炬切割较厚的金属，或使用小割嘴切割厚金属。

（2）装配割嘴时，必须使内嘴与外嘴严格保持同心，这样才能保证切割用的氧气射流位于环形预热火焰的中心。内嘴必须与高压氧气通道紧密连接，以免高压氧漏入环形通道而把预热火焰吹熄。

（3）使用前必须检查焊炬和割炬的射吸能力、是否漏气及喷嘴的畅通情况。检查焊炬或割炬的射吸能力的办法是：先接上氧气管，打开乙炔阀和氧气阀（此时乙炔管与焊炬、割炬应脱开），用手指轻轻接触焊炬上乙炔进气口处，如有吸力，说明射吸能力良好。接插乙炔气管时，应先检查乙炔气流正常后再接上。若没有吸力，甚至氧气从乙炔接头中倒流出来，必须进行修理，否则严禁使用。

（4）焊炬、割炬射吸检查正常后，进行接头连接时必须与氧气橡皮管连接牢固，而乙炔进气接头与乙炔橡皮管不应连接太紧，以不漏气并容易接插为宜。对老化和回火时烧损的软管禁止使用。

（5）点火时以先少量开启氧气阀，再开启乙炔阀点火为宜。如果只开乙炔阀点火，则会产生炭质烟灰污染环境，但氧气阀开启过大，则容易产生回火。

（6）在切割前要注意将工件表面上的厚漆皮、厚锈皮和油水污物等加以清理，防止油漆燃着锈片爆溅伤人，在水泥地面上切割时，应垫高工件，防止水泥地面受热爆溅伤人。

（7）进行切割时，飞溅出来的金属微粒与熔渣微粒很多，割嘴的喷孔很容易被堵塞，因此，应该经常使用通针通，以免发生回火。

（8）工作地点要有足够清洁的水，供冷却焊嘴用。当焊炬（或割炬）由于强烈加热而发出"噼啪"的炸鸣声时，必须立即关闭乙炔供气阀门，并将焊炬（或割炬）放入水中进行冷却。注意最好不关氧气阀。

（9）禁止将使用中的焊炬、割炬的嘴头与平面摩擦用来清除嘴头的堵塞物。

（10）焊接与切割过程中发生回火时，应迅速关闭氧、乙炔气阀。回火熄灭后，如焊、割嘴过热，应待其冷却后再重新点火。

（11）工作结束熄灭火焰时，焊炬应先关乙炔阀，再关氧气阀；割炬应先关切割氧气阀，再依次关闭乙炔、预热氧气阀。

（12）焊炬、割炬均不得沾染油脂。

（13）输气软管与焊炬、割炬的接头，应连接牢固且不漏气。如果在焊接与切割过程中乙炔软管接头漏气或脱开，则会因乙炔气着火烧伤人员或引起火灾。

（14）焊炬、割炬应妥善保管，以防损伤漏气。

（15）短时间休息时，必须把焊炬（或割炬）的阀门闭紧，不准将焊炬放在地上。较长时间休息或离开工作地点时，必须熄灭焊炬，关闭气瓶阀，除去减压器的压力，放出管中余气，然后收拾软管和工具。

94. 点燃焊炬和割炬的操作要点是什么?

（1）点火前，急速开启焊炬（或割炬）阀门，用氧吹风，以检查喷嘴的出口，无风时不得使用，但不要对准脸部试风。

（2）进入容器内焊接时，点火和熄火都应在容器外进行。

（3）对于射吸式焊炬（或割炬），点火时应先微微开启焊炬（或割炬）上的乙炔阀，然后送到灯芯或火柴上点燃，当发现冒黑烟时，立即打开氧气手轮调节火焰。若发现焊炬（或割炬）不正常，点火并开始送氧后一旦发生回火，必须立即关闭氧气，防止回火爆炸或点火时鸣爆现象。

（4）使用乙炔切割机时，应先放乙炔气，再放氧气引火。

（5）使用氢气切割机时，应先放氢气，再放氧气引火。

（6）熄灭火焰时，焊炬应先关乙炔阀，再关氧气阀；割炬应先关切割氧气阀，再关乙炔和预热氧气阀；当回火发生后，若软管或回火防止器上出现喷火现象，应迅速关闭焊炬上的氧气阀和乙炔阀，再关闭氧气瓶阀和乙炔瓶阀，然后采取灭火措施。

（7）氧氢并用时，先放出乙炔气，再放出氢气，最后放出氧气，再点燃。熄灭时，先关氧气，后关氢气，最后关乙炔气。

（8）操作焊炬和割炬时，不准将橡胶软管背在背上操作。禁止使用焊炬（或割炬）的火焰来照明。

（9）使用过程中，如发现气体通路或阀门有漏气现象，应立即停止工作。消除漏气后才能继续使用。

（10）气源管路通过人行通道时，应加罩盖，注意与电气线路保持安全距离。

（11）气焊（割）场地必须通风良好，容器内焊（割）作业时应采用机械通风。

95. 工作结束后，焊、割炬应怎样妥善处理？

工作结束后，焊、割炬停止使用，应挂在适当的地方，或拆下软管并将焊炬存放在工具箱内。应当指出，禁止为工作方便而不卸下软管，将焊割炬、软管和气源做永久性连接。焊接操作现场的情况表明，这种做法使得点火时经常发生回火，或在工具箱内发生爆炸。其原因是焊、割炬阀门关闭不严或漏气，切不断气源，以至互相窜气，容易导致产生以下后果。

（1）混合气体外溢，滞留在周围局部空间。

（2）压力较高的乙炔气进入氧气软管。

（3）点火时未排放软管内滞留的混合气。

◎**事故案例**

某厂焊工焊接汽油桶，中午休息时将焊炬放在汽油桶的一个管口上，由于焊炬的乙炔手轮未关严，泄漏的乙炔与桶内的空气混合并达到爆炸极限，当继续焊接时，汽油桶爆炸，造成伤亡事故。

96. 何谓回火？引起回火的主要原因是什么？

焊、割火焰自焊、割炬向乙炔导管及乙炔瓶回窜的现象称为回火。其特征一是火焰突然熄灭，二是焊、割炬内发出急速的"嘶嘶"声。

使用焊、割炬时应当注意尽可能防止产生回火。引起回火有以下主要原因。

（1）由于熔融金属的气溅物、炭质微粒及乙炔中的杂质等堵塞焊、割嘴或气体通道。

（2）焊、割嘴过热，混合气体受热膨胀，压力增高，流动阻力增大。焊、割嘴温度超过 400 ℃时，部分混合气体即在焊、割嘴内自燃。

（3）焊、割嘴过分接近熔融金属，焊、割嘴喷孔附近的压力增大，混合气体流动不通畅。

（4）软管受压、阻塞或打折等，致使气体压力降低。

上述四种原因造成混合气体的流动速度低于燃烧速度而产生回火。

如果操作中发生回火，应迅速关闭氧、乙炔调节手轮，待回火熄灭后，将焊、割嘴放入水中冷却，然后打开氧气吹除焊、割炬内的烟灰，再重新点火。此外，在紧急情况下可将焊、割炬上的乙炔软管拔下来。所以，一般要求氧气软管必须与焊、割炬连接牢固，而乙炔软管与焊、割炬接头连接避免太紧，以不漏气并容易接上或拔下为准。

97. 焊炬和割炬常见故障如何排除？

焊、割炬的故障主要是由于堵塞、漏气和磨损（包括烧损）三个基本原因造成的。焊炬和割炬的常见故障及排除方法见表 4-2。

表 4-2　焊炬和割炬的常见故障及排除方法

故障	原因	排除方法
开关处漏气或焊嘴漏气	1. 压紧螺母松动或垫圈磨损 2. 焊嘴未拧紧	1. 更换 2. 拧紧
焊嘴孔径扩大成椭圆形	1. 使用过久 2. 焊嘴磨损 3. 使用通针不当	用手锤轻敲焊嘴尖部使孔径缩小后，再用小钻头钻孔
焊枪发热	1. 使用时间过长 2. 焊嘴离工件太近	浸入冷水中冷却后，再打开氧气阀，吹净积物
火焰能率调节不大，乙炔压力过低	1. 胶皮管被挤压或堵塞 2. 焊炬被堵塞 3. 手轮打滑	1. 排除挤压 2. 排除堵塞，吹洗皮管及焊炬 3. 检修各处开关

98. 国家对气瓶的定期检验有何规定？

气瓶在使用过程中必须根据《气瓶安全监察规程》和《溶解乙炔气瓶安全监察规程》以及有关国家标准要求，进行定期技术检验。氧气瓶和乙炔气瓶必须每 3 年检验 1 次，而且检验单位必须在气瓶肩部规定的位置打上检验单位代号、本次检验日期和下次检验日期的钢印标记。液化石油气瓶使用未超过 20 年的，每 5 年检验 1 次；超过 20 年的，每 2 年检验 1 次。气瓶在使用过程中如发现有严重腐蚀、损伤或怀疑有问题时，可提前进行检验。

89

99. 安全使用气瓶有哪些要求？

气焊、气割使用的钢瓶（如氧气、乙炔、丙烷等）应按有关安全操作规程进行摆放，防止摔倒；空瓶、实瓶应分开放置；严禁氧气瓶和燃气瓶放在一起；开启钢瓶时要用专用工具或手柄；钢瓶在装、卸车及运输时，应避免撞击，轻装轻卸，彼此保持足够的安全距离。氧气瓶不能与燃气瓶、油类及其他易燃物同车运输；现场使用的钢瓶应直立放置于地面或放置到专用瓶架上，或放在比较安全的地方，并要固定好，防止倾倒。钢瓶要防止暴晒，放在阴凉地点，冬季发生冻结、结霜或出气不畅时严禁用明火加热，只能用热水或蒸汽解冻；钢瓶要留有一定余压。

100. CG1-30 型半自动切割机有何安全操作规程？

（1）必须经常检查气路系统有无漏气、气管是否完好无损，如发现气管老化、切割过程中烧坏的气管，必须进行更换。

（2）氧气管只能用于氧气，不能用于其他气体。

（3）气割现场可燃物质距火源应在 10 m 以上，氧气瓶与乙炔气瓶距离在 5 m 以上。

（4）操作工应戴上有防护层的深色眼镜或护目镜，用于保护眼睛免受火焰的强光伤害。要经常检查眼镜、护目镜的完好并及时更换。

（5）下雨天不可在露天使用切割机，以免发生触电危险。

（6）切割工作现场，必须预备检验合格的消防器材，以备出现火情应急使用。

（7）切割机在切割工作结束时，应先关闭切割氧调节阀。

（8）切割机工作完毕后，必须切断电源，关闭所有气瓶瓶阀，清理切割场地，消除事故隐患。

（9）禁止将沾有油脂的手套、棉纱和工具与氧气瓶瓶阀、减压器及管路接触。

（10）安装氧气减压表前，应稍打开瓶阀，吹出瓶阀上的灰尘及污物，然后再接上减压表使用。

（11）开启氧气瓶阀时，操作者应站在气瓶气体喷出方向的侧面并缓慢开启，避免氧气流喷向人体发生事故。

（12）乙炔软管段的连接，应使用含铜量在 70% 以下的铜管、低合金钢管或不锈钢管。

（13）切割机上的电气开关应与切割机头上的割炬气阀隔开，以防被电火花引爆。

（14）在室内切割时，室内要有通风设施。

（15）气割工工作时要戴防护眼镜和手套，穿劳动防护服和防烫鞋。

101. 操作等离子或氧-乙炔切割机时，有哪些注意事项？

（1）防止触电

1）操作时，必须戴上绝缘手套，穿上绝缘鞋，保持身体及衣服干燥。

2）操作设备时，不要站、坐或躺在潮湿的物面上。

3）机床体、控制箱及等离子电源等所有电气部件，必须可靠接地。

4）切割机的低压断路器应安装在设备附近，使操作者在遇到紧急情况时，可以快速关断电源。

5）应按照电气规程选择电缆线的尺寸和类型。

6）经常检查电源线、控制电缆、割炬导线，如有损坏应立即处理或更换后，才能使用设备。

7）等离子电源装置盖没装好时不要使用等离子系统，裸露的电源端子有很大的危险性。

8）在切割下料的过程中，不要用手拿切割机上的工件和废料。

9）为维修而打开等离子电源盖前，应先断开主电源，等待 5 min，让电容放电后再进行操作。

10）更换任何电气部件前，应先断开供电电源，至少等待 2 min，更换完毕后再合上电源。

（2）保护眼睛

1）操作工应戴上有防护层的深色眼镜或护目镜，或戴上焊接工作帽，用于保护眼睛免受火焰的强光、等离子弧的紫外线和红外线的伤害。

2）切割机工作时，要警告切割工作区内的人员，不要直视切割时的弧光或火焰。

3）要经常检查眼镜、护目镜的完好并及时更换。

4）在切割现场，可采取措施减小紫外线的反射或辐射，如把工作场地的墙面漆成深色以减少反射，或安装保护屏或垂帘，以减少紫外线的辐射。

（3）保护皮肤

1）操作时要戴安全帽、长绝缘手套，穿绝缘鞋。

2）穿戴符合劳动防护标准的工作服。

3）工作服穿戴时，裤脚、衣领要系紧，以免火花及熔渣的溅入，防止被紫外线、火花或热熔渣灼伤。

102. 进行数控切割时，如何正确使用软管和气瓶？

（1）不要使用漏气和损坏的气瓶。

（2）不要将气瓶倒置和不安全放置。

（3）不要搬运无防撞帽的气瓶。

（4）不要用油性润滑剂来润滑气瓶。

（5）不允许等离子弧和气瓶产生电的接触。

（6）不要用锤子、扳手或其他工具来敲击打开气瓶。

（7）氧气软管只能接通氧气，不能用于其他气体。

（8）切割前，应检查软管是否存在老化、漏气、损坏、接头松动等问题，经安全处理后再进行气割。

（9）切割用的各类软管，要笔直理顺，不要有打结的现象存在。

（10）切割用的软管在盘卷存放时，要将它放在不易损坏或不会被切割的地方。

第五部分 电弧焊、高能束焊和其他焊接与切割安全知识

103. 电弧焊作业时，可能发生哪些事故？

电弧焊是利用电弧热量对金属进行加工的一种熔化焊，在加工过程中，需采用电焊机等电气设备。焊钳、焊件均是带电体，并产生电弧高温、金属熔渣飞溅、烟气、金属粉尘、弧光辐射等危险因素。因此，电弧焊作业时，如不严格遵守安全操作规程，可能发生触电、火灾、爆炸、灼伤、中毒等事故。事故类型可归纳成方框，如图 5-1 所示。

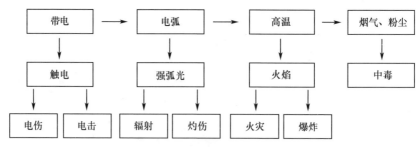

图 5-1　电弧焊事故类型

104. 焊条电弧焊有哪些不安全因素？

由于焊条电弧焊利用的能源是电，同时电弧在燃烧过程中产生高

温和弧光，药皮在高温下产生一些有害气体和尘埃，所以，在焊条电弧焊操作过程中，存在以下不安全因素。

（1）触电。焊条电弧焊操作者接触电的机会较多，更换焊条时，焊工要直接接触电极，在容器、管道内或金属构件中焊接时，四周都是导体，焊机的空载电压又大于安全电压，如果电器装置有故障、防护用品有缺欠或违反安全操作规程等，都有可能发生触电事故。

（2）弧光和电热伤害。焊接时，电弧产生强烈的可见光和大量不可见的紫外线、红外线，容易灼伤眼睛或皮肤。

产生电弧灼伤的情况常见于两种：一是焊接时电弧灼伤手或身体；二是在焊机带负荷情况下操作焊机开关不当，电弧灼伤手或脸。

焊接时也容易发生热体烫伤的现象。热体烫伤主要是熔化的金属飞溅、焊条头或炽热的焊件与身体接触造成的。

（3）有害物质。焊条电弧焊时，金属和焊条、药皮在电弧高温作用下发生蒸发、冷凝和气化，产生大量烟尘，同时，电弧周围的空气在弧光强烈辐射作用下，还会产生臭氧、氮氧化物等有毒气体。在通风不良的条件下，长期接触这些有害物质，会引起危害焊工健康的多种疾病。特别是在化工设备、管道、锅炉、容器和船舱内焊接时，由于作业环境狭小，通风不良，焊接烟尘、有毒气体四处弥漫，形成较高的浓度，其危害程度更大。

（4）火灾与爆炸。一是焊接热源引起周围易燃物燃烧；二是焊机二次回路通过易燃物质，由于自身发热或接触不良产生火花引起燃烧；三是燃料容器、管道焊补时防爆措施不当引起爆炸。

（5）其他伤害。例如，清除焊缝熔渣时，由于碎渣飞溅而刺伤或烫伤眼睛；焊接焊件放置不稳，造成砸伤；登高焊接时防护不当，发生高处坠落等。

105. 焊条电弧焊如何进行安全操作?

分析焊接发生的事故表明，焊接设备和工具的缺欠以及操作失误是其主要原因，因此，建立和执行必要的安全操作规程，是保障焊工安全与健康、促进安全生产的一项重要措施。

（1）准备工作

1）熟悉构件的焊接工艺、焊缝尺寸要求，选择施焊方法。

2）准备好工具及防护用品，检查调整设备，使其导线、电缆接触良好，如有漏电之处，应立即拉下电源开关，通知电工修理。焊钳应绝缘可靠，禁止私自拆卸。

3）检查施焊工地零件堆放是否安全，施焊的焊件支撑是否可靠平稳。

4）清除焊缝边缘 10 mm 左右范围内的油、锈、水等污物。对于铸钢件，应将焊接处的沙子、氧化物清理干净，露出金属本色。

5）调整好焊接工艺参数，尽量采用水平和船形位置施焊。

6）弧焊机禁止放在高温场所和潮湿地方。

7）工作地点周围不许有易燃易爆物品，并要离开乙炔气瓶和氧气瓶 5 m 以上。

8）弧焊机要有可靠的接地或接零。

（2）安全技术

1）在下雨、下雪时，不得进行露天施焊。

2）在高处作业时，焊接电缆不准放在弧焊机上，横跨道路的焊接电缆必须装在铁管内防止被压破漏电。事先检查周围有无易燃易爆物品，操作者必须系好安全带。

3）严禁将焊接电缆与气焊的软管混在一起。

4）二次焊接用电缆不宜过长，一般应根据工作时的具体情况而定。焊接电缆截面积和最大允许焊接电流见表 5-1。

表 5-1 焊接电缆截面积和最大允许焊接电流

最大允许焊接电流/A	200	300	450	600
焊接电缆截面积/mm²	35	50	70	95

5）在施焊过程中，当弧焊机发生故障而需要检查弧焊机时，必须切断电源后才能进行，禁止在通电情况下用手触动弧焊机的任何部分，以免发生事故。

6）在船舱内焊接时，应设法通风或两个人轮换操作。

7）在容器内焊接时，应使用胶皮绝缘防护用具，并在附近安设一个电源开关，由助手专门负责看管和监护，同时要听从焊接操作人员指示，随时通断电源。

8）在焊接时，不可将焊件拿在手中或用手扶着焊件进行焊接。

9）连续焊接超过一小时后，应检查焊机电缆，如发热温度达到80 ℃及以上时，必须切断电源。

106. 焊接回路连线要注意什么？

严禁利用厂房的金属结构、管道、轨道或其他金属物料搭接起来作为电缆使用，如图 5-2 所示。应直接将焊接电缆搭设在所焊接的焊件上操作，不能随便用其他不符合要求的物件替代焊接电缆使用。如果利用盛装易燃易爆物的管道、容器等作为焊接回路，或焊接电缆搭设在盛装易燃易爆物的管道、容器上，都会产生十分危险的后果。

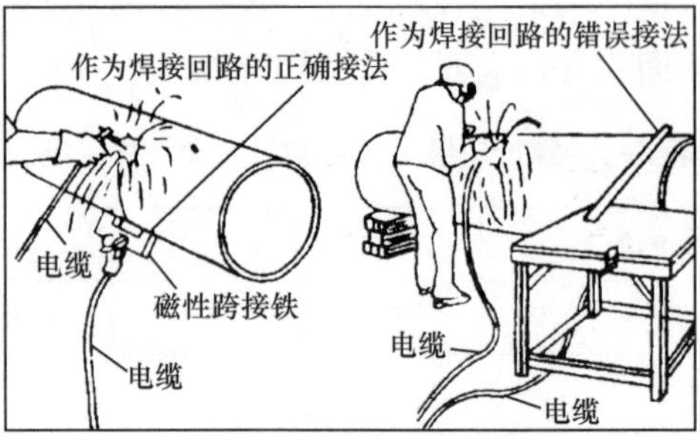

图 5-2　焊接回路引线正误接法

◎ **事故案例**

某养牛场，在一根铁管子上用铁链拴着 120 头奶牛，焊工在焊补铁管时，把弧焊变压器二次绕组的一端接到水管龙头上。焊接时，电流通过铁管、铁链、牛的身体、水泥地板和水管形成了一个闭合电路，焊接电流击毙了全部奶牛。

107. 焊工在一些特殊环境下工作时，如何做好安全防护？

在焊机空载电压和工作电压较高的焊接操作时，如等离子切割、氢原子焊接等，以及在潮湿工作点焊接时，应在工作台附近地面铺设橡胶垫子。在金属容器内（如油槽、箱柜、锅炉、罐塔和舱室里）、金属结构上及其他狭小工作场所焊接时，触电危险性大，必须采用橡皮垫或其他绝缘衬垫，焊工应戴皮手套、穿胶底鞋，以保障身体与焊件之间的绝缘。在周围都是金属的工作环境中进行焊条电弧焊时，不允许采用绝缘性能差的简易焊钳，并且要有两人轮换工作，以便于互相照顾。也可设一名监护人员，随时注意焊工的安全动态，这样一旦出现危险可及时采取安全措施或施以抢救。使用手提灯的电压，应视具体条件采用 36 V 或 12 V。另外，弧焊机必须安设空载自动断电保护装置。

108. 电弧焊接时，产生火灾爆炸事故的原因有哪些？

电弧焊接是高温明火作业，焊接时产生大量火花和灼热金属熔滴，操作不当则容易发生火灾或爆炸事故。其原因主要有以下几个方面。

（1）飞散的火花、熔融金属与熔渣的颗粒，燃着焊接处附近的易燃物（如油料、木料、棉纱等）及可燃气体而发生火灾。特别在风力大时，尤为严重。

（2）焊机的焊接电缆线或弧焊机本身的绝缘破坏造成短路而发生火灾。

（3）焊接未清洗过的油罐、油桶、带有压力的锅炉储气筒及带压附件，在有易燃气体的房间内焊接，也可造成火灾或爆炸事故。

（4）以上的火灾和爆炸事故及操作中的火花飞溅，都可能造成灼烫伤亡事故。

109. 电弧焊接时，应采取哪些措施预防火灾、爆炸事故的发生？

（1）焊接处 5 m 以内不得有可燃易燃物，工作点通道宽度应大于 1 m。高空作业更应注意火花飞散的方向。

（2）焊接作业处应把乙炔瓶和氧气瓶安置在 10 m 以外。

（3）储放易燃易爆物的容器未经清洗严禁焊接。

（4）焊接管子、容器时，必须把孔盖、阀门打开。

（5）焊接设备的绝缘应保持完好。

（6）严禁将易燃易爆管道作为焊接回路使用。

（7）使用二氧化碳气瓶及氩气瓶时，应遵守《气瓶安全监察规程》。

110. 为什么电弧焊作业时，必须要做好安全防护？

焊接电弧比气焊火焰有更高的温度，焊条电弧焊时，焊条、焊件和药皮在电弧高温作用下，发生蒸发、凝结和气化，产生大量烟尘。同时，人体直接受到弧光辐射（主要是紫外线和红外线的过度照射）时，会引起眼睛和皮肤等的疾病。并且电弧周围的空气在弧光强烈辐射作用下，还会产生臭氧、氮氧化物等有毒的气体。在通风不良的条件下，长期接触会引起危害焊工健康的多种疾病。特别是在化工设备、管道、锅炉里面和船舱等处焊接时，由于作业环境狭小，通风不良，焊接烟尘、有毒气体四处弥漫，浓度高，危害性更大。

111. 如何保证焊工安全施工？

（1）戴好防护眼镜、皮手套、面罩、安全帽，穿好绝缘鞋、帆布作业服。

（2）高空作业必须系好安全带，安全带不能系在活动的物件上。

（3）在密闭容器内焊接时，要接 36 V 以下的安全灯，垫上干燥的木板或胶皮板，并采取通风、降温、防毒的措施。

（4）检查施焊地点及周围，在飞溅能达到的范围内，不允许有精密仪器、精密加工的部件以及汽油、苯、煤气、硫黄、炸药等易燃易爆物存在。若无条件移走，应做好防护后再进行焊接。

（5）送电前应仔细检查弧焊机是否有引起短路的金属物质，导线接头是否牢固，导线有无短路之处，以防送电后引起短路，烧坏弧焊机。

（6）要注意施工地点周围和地下是否有油库、油沟，以免引起火灾。焊接处与易燃易爆物的距离应保持在 10 m 以上。

（7）进行立体多层作业时，要防止上面掉东西而砸伤人，必要时，要搭保护棚或采取其他措施。

（8）拉导线时，要注意周围，不要拉倒或拉掉（高空焊接时）东西，以免伤人。

（9）弧焊机应设接地线，转动部分安好保护罩。

（10）焊前要准备好防火用品，如泡沫灭火器、沙子、水桶（或水管、胶带）、钩子、铁锹、四氯化碳灭火器等。

（11）推、拉开关时，一定要用左手，且要将头、身躲开正面。启动开关时，要做好随时断电的准备，以免启动后机械发生故障，烧坏或碰坏设备。

（12）更换焊条时，一定要戴干手套，以免触电。焊钳的握把应有绝缘套筒（软管或木把），以免触电和过热烫手。

（13）焊接暂停时，焊钳必须与焊件分开放置，避免短路。

（14）地线不允许接在钢丝绳、高压管路、高压容器、煤气管道以及易燃易爆物和精密设备部件上。

（15）焊补盛油、苯等的容器时，事先必须把油、苯放净，然后用碱水冲洗，并将封口打开才能焊接。焊接时要躲开封口，以防燃烧喷出火来伤人。

（16）经常检查导线，绝缘不好处要包好，接头松动处要处理好，严防烧断起重钢绳，造成事故。

◎ 事故案例

某厂焊工将装有两吨多活性炭的脱附罐作为地线，焊接时由于导线与罐体连接，焊接电流产生的电阻热局部加热了脱附罐体，引燃了脱附罐里的活性炭，结果将两吨多活性炭全部烧光。

112. 在现场设置焊接工作站，应该注意哪些问题？

设置临时焊接工作站，除考虑弧焊机、电源等外，还应该注意以下安全问题。

（1）找好地址，要求地势高，具备雨天不存水、雪天不积雪的干燥条件。

（2）应远离高压电线，如实在无法躲开时，要用木杆搭设保护架，并铺上橡胶板。

（3）应远离乙炔发生站、煤气区、氧气瓶放置场地和煤气阀等易中毒、易燃、易爆物。临近铁路线时，要距离轨道 2 m 以上，并在门前设防护栏杆及明显标志。

（4）搭好弧焊机棚，棚内应足以容纳下计划安装的弧焊机，并有存放焊条、干燥箱和看站人休息的地方。

（5）弧焊机棚内地下要设木板，保持干燥绝缘。

（6）弧焊机之间应有 0.5 m 左右的间距，整齐摆放，道路通畅。

（7）接好照明，弧焊机应各自安装指示灯。

（8）弧焊机壳一律接地线。

（9）弧焊机棚不应漏雨、进雪，应通风良好，出入方便。

（10）夏天要备有水管，经常在棚的周围洒水降温，同时避免灰尘进入。

（11）棚内要保持清洁，并有压缩空气，随时吹净弧焊机内的灰尘。

（12）准备好泡沫灭火器、沙子、水桶、钩子、尖镐、铁锹等防火用具。

（13）焊接导线要拧紧、排好，避免交叉。

（14）导线横跨铁路时，应从钢轨下面通过，导线上面要用角钢或槽钢扣上，以免砸坏导线或被火车挂断。

（15）导线有破皮处，要用胶布包好。

（16）高空拉线应尽量避免与起重钢索绳交叉通过，在空中有接头时，应打个扣再接接头，以防拉断。

（17）电源总开关应设在不妨碍停、送电工作的地方。

（18）应由熟知各焊机的特点、开关位置、施工地点和情况的人员管理焊机站。

（19）看站人与焊工要有明确的联系信号，以便于调控电流和处理问题。

（20）弧焊机较多时，要请电工随班维护。

113. 制氧机进行焊接时，应注意什么问题？

制氧机停车检修，需要进行焊接时，焊接场所氧的浓度要低于23%才能进行焊接操作，并应采取消防措施。对有气压的容器，在未卸压前不能进行焊接。未经彻底加温的低温容器不准焊接修理。

114. 如何安全使用弧焊机？

（1）弧焊机必须符合现行有关焊机标准规定的安全要求。

（2）当弧焊机的空载电压高于现行有关焊机标准规定，而又在有触电危险的场所作业时，弧焊机必须采用空载自动断电装置等防止触电的安全措施。

（3）弧焊机的工作环境应与焊机技术说明书上的规定相符。如工作环境的温度过高或过低、湿度过大、气压过低以及在腐蚀性或爆炸性等特殊环境中作业，应使用适合特殊环境条件性能的弧焊机，或采取防护措施。

（4）防止焊机受到碰撞或激烈振动（特别是整流式弧焊机），室外使用的弧焊机必须有防雨、雪的防护措施。

（5）弧焊机必须有独立的专用电源开关。其容量应符合要求，当弧焊机超负荷时，应能自动切断电源。禁止多台焊机共用一个电源开关。

（6）弧焊机的电源开关应装在弧焊机附近便于操作的地方，周围留有安全通道。

（7）采用电磁启动器启动的弧焊机，必须先闭合电源开关，然后再启动弧焊机。

（8）弧焊机的一次电源线长度一般不宜超过 3 m，当有临时任务需要较长的电源线时，应沿墙或沿立柱用瓷瓶隔离布设，其高度必须距地面 2.5 m 以上，不允许将一次电源线拖在地面上。

（9）弧焊机外露的带电部分应设有完好的防护（隔离）装置。其裸露的接线柱必须设有防护罩。

（10）使用插头插座连接的弧焊机，插销孔的接线端应用绝缘板隔离，并装在绝缘板平面内。

（11）禁止连接建筑物的金属构架和设备等作为焊接电源回路。

（12）弧焊机不允许超负荷运行，弧焊机运行时的温升不应超过弧焊机标准规定的温升限值。

（13）弧焊机应平稳放在通风良好、干燥的地方，不准靠近高热及有易燃易爆危险的环境。

（14）禁止在弧焊机下放任何物品和工具，启动弧焊机前，焊钳和焊件不能短路。

（15）弧焊机必须经常保持清洁，清扫弧焊机时必须停电进行，焊接现场如有腐蚀性、导电性气体或飞扬的浮尘，必须对弧焊机进行隔离防护。

（16）每半年对弧焊机进行一次维修保养，发生故障时，应立即切断弧焊机的电源，及时进行检修。

（17）经常检查和保持弧焊机电缆与弧焊机接线柱接触良好，保持螺母在紧固状态。

（18）工作完毕或临时离开工作场地时，必须及时切断弧焊机电源。

115. 弧焊机接地有哪些安全要求?

（1）各种弧焊机、电阻焊机等设备或外壳、电气控制箱、弧焊机组等，都应按《电力设备接地设计技术规程》的要求接地，防止触电事故发生。

（2）弧焊机接地装置必须经常保持接触良好，定期检测接地系统的电气性能。

（3）禁止用乙炔管道、氧气管道等易燃易爆气体管道作为接地装置的自然接地极，防止由于产生电阻热，或引弧时冲击电流的作用产生火花而引爆。

（4）弧焊机组或集装箱式焊接设备，都应安装接地装置。

（5）专用的焊接工作台架应与接地装置连接。

116. 如何防止弧焊机绝缘破坏?

（1）弧焊机应在规定的电压下使用，弧焊机的供电线路上都应接有合乎规定的熔断装置。

（2）使用弧焊机时，工作电流不得超过相应负载持续率规定的许用电流，弧焊机运行时的温升不得超过额定温升。

（3）弧焊机电源和控制箱应保持清洁。

（4）防止弧焊机受潮。

（5）注意保护弧焊机、焊钳、软线的外皮绝缘，使其不受损伤。

117. 为保证人体接触漏电设备的金属外壳时不发生触电事故，应采取哪些安全措施？

（1）保护接地。弧焊机的绝缘损坏时外壳就会带电。人体如接触到漏电的弧焊机外壳，就会发生触电事故。为保证安全，弧焊机的外壳必须接地。

在不接地的低压系统中，当一相与机壳短路而人体触及机壳时，事故电流 I_d 通过人体和电网对地绝缘阻抗 Z 形成回路，如图 5-3 所示。

保护接地的作用在于用导线将弧焊机外壳与大地连接起来，当外壳漏电时，外壳对地形成一条良好的电流通路，当人体碰到外壳时，相对电压就大大降低，如图 5-4 所示，从而达到防止触电的目的。

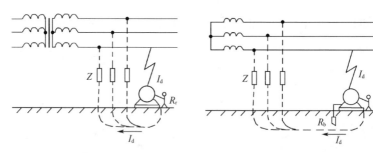

图 5-3 弧焊机不接地的危险性示意图　　图 5-4 弧焊机保护接地原理图

电源为三相三线制或单相制系统时，弧焊机外壳和二次绕组引出线的一端，应设置保护接地地线。

　　接地装置可以广泛应用自然接地极，如与大地有可靠连接的建筑物的金属结构，或敷设于地下的金属管道，但氧气与乙炔等易燃易爆气体及可燃液体管道，严禁作为自然接地极。

　　（2）保护接零。安全规则规定所有交流、直流焊接设备的外壳都必须接地。电源为三相四线制中性点接地供电系统时，应安设保护接零线。

　　如图 5-5 所示，如果在三相四线制中性点接地供电系统上的焊接设备不采取保护接零措施，当一相带电部分碰触弧焊机外壳，人体触及带电的壳体时，事故电流 I_d 经过人体和变压器工作接地构成回路，对人体构成威胁。

　　保护接零的作用是采用导线将弧焊机金属外壳与零干线相接，一旦电气设备因绝缘损坏而外壳带电时，绝缘破坏的这一相就与零线短路，产生的强大电流 I_k 使该相熔断器熔丝熔断，切断该相电源，外壳带电现象立刻终止，从而达到人身设备安全的目的。这种安全装置叫保护接零，如图 5-6 所示。

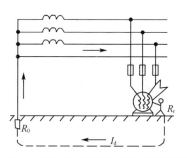
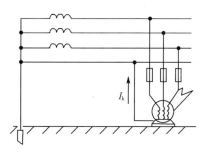

图 5-5　弧焊机不接零的危险性示意图　　　　图 5-6　弧焊机保护接零原理图

118. 弧焊机保护性接地与接零有哪些安全要求?

　　（1）接地电阻应符合要求。弧焊机的接地线应该考虑被连接物体（接地体）的接地电阻是否符合要求。根据保护接地原理，只有接地电阻在安全范围内，才能起到保证人体安全的作用。

接地电阻不得大于 4 Ω。自然接地极电阻超过此数值时，应采用人工接地极。接地导线应具有良好的导电性，截面积不得小于 12 mm²，接地线应用螺钉拧紧。接地线不准串联接入。

（2）接零导线应有足够的截面积。有足够的截面积可以使线路上任何地方发生的碰壳短路电流大于离弧焊机最近处熔断器额定电流的 2.5 倍，或者大于相应的（低压断路器）跳闸电流的 1.2 倍。在接零线上不准设置熔断器或低压断路器，以确保零线回路不中断。

（3）不应同时存在接地或接零。除弧焊机的外壳必须接地（或接零）外，弧焊变压器二次绕组与焊件相接的一端也必须接地（或接零），这样一次绕组与二次绕组的绝缘一旦击穿，220 V 或 380 V 电压出现在二次回路时，这种接地（或接零）措施能保证焊工的安全。但是，如果二次绕组的一端接地或接零，焊件则不应再接地或接零，否则，一旦二次回路接触不良，那么，强大的焊接电流可能将接地线或接零线熔断，如图 5-7 所示，不但人身安全受到威胁，而且易引起电气火灾事故。

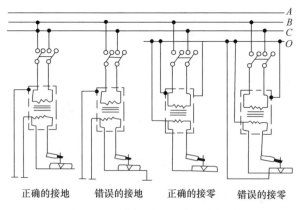

正确的接地　错误的接地　正确的接零　错误的接零

图 5-7　正确与错误的接地或接零

　　为此特别规定：凡是对有接地或接零装置的焊件（如机床部件、储罐等）进行焊接时，应将焊件的接地线或接零线暂时拆除，待焊完后再恢复。

　　焊接与大地紧密相连的焊件（如自来水管路、埋地较深的金属结构等）时，如果焊件的接地电阻小于 4 Ω，则应将弧焊机二次绕组一端的接地线或接零线暂时解开，焊完后再恢复。

　　（4）注意接线的顺序。连接接地线或接零线时，应首先将导线接到接地体上或零线干线上，然后将另一端接到焊接设备外壳上，拆除接地线或接零线的顺序则恰好与此相反，应先将接地线或接零线从设备外壳上拆下，然后再解除与接地体或零线干线的连接，不得颠倒顺序。

119. 弧焊机空载自动断电保护装置应满足哪些基本要求？

　　更换焊条时，使空载电压降至安全电压范围内，既能防止触电又能降低空载损耗，具有安全和节电的双重意义。由于弧焊机空载电压引起的触电伤亡事故时有发生，因此，空载自动断电保护装置相继问世。为保证其使用过程中的安全可靠性，空载自动断电保护装置应满足以下基本要求。

　　（1）对弧焊机引弧无明显影响。

　　（2）保证空载电压在安全电压范围内。

　　（3）最短断电时间能达到（1±0.3）s，灵敏度高。

　　（4）空载损耗降至 10% 以下。

120. 为防止焊工电伤事故，应采取哪些安全措施？

　　当焊接回路闭合（即焊钳与地线相接）时闭合电源，或当电弧燃烧时切断电源，都将造成开关瞬间电弧，即开关的接触点产生电弧，这类电弧可能导致电伤事故。防止的措施是：

（1）禁止存在闭合回路时闭合电源，禁止在有负荷时切断电源，以免被电弧或炽热的熔化金属灼伤。

（2）闭合或切断电源时，动作应迅速，面部应离开闸刀一定距离，避免被可能产生的电弧火花灼伤。

121. 使用焊接电缆有哪些要求？

不得将焊接电缆放置于电弧附近或炽热的焊缝金属旁，避免高温烫坏绝缘材料。焊接电缆横穿马路和通道时应加遮盖，避免碾压磨损。禁止将电缆搭架在气瓶、乙炔发生器或其他易燃易爆物品的容器上。焊接电缆的绝缘应定期进行检验，一般为每半年检验一次。

此外，焊接电缆还应具备良好的导电能力和绝缘外层。一般是用紫铜芯线外包胶皮绝缘套制成。绝缘电阻不得小于 1 MΩ。电缆应轻便柔软，能任意弯曲和扭转，便于操作，电缆芯必须用多股细线组成。如果没有电缆，可用相同导电能力的硬导线代替，但在焊钳连接端至少要用 2~3 m 长的软线连接，否则不便于操作。焊接电缆应具有较好的抗机械性损伤能力及耐油、耐热和耐腐蚀等性能，以适应焊接工作的特点。

122. 为什么焊接电缆最好用整根的？

为避免和减少焊接电缆过多的接头产生电阻热量，焊接电缆最好用整根的，中间不要有接头。如需用短线接长时，接头不应超过 2 个。接头应用铜导体制作，连接须坚固可靠并保证绝缘良好。

123. 焊接电缆长度以多少为宜？

焊接电缆是弧焊机连接焊件、工作台、焊钳或焊枪等的绝缘导线，一般要求具有良好的导电能力、绝缘外皮、轻便柔软、耐油、耐热、耐腐蚀和抗机械损伤能力强等性能。操作中人体与焊接电缆接触的机会较多，连接的电缆长度应根据工作时的具体情况决定。太长会增大电压降，太短不便操作，一般以 20~30 m 为宜。

124. 焊接时，连接焊接电缆要注意什么？

在进行设备检修过程中，若需要对机械的某个零件进行焊接时，一定要注意将焊接电缆与焊接部位做到直接可靠连接。在任何情况下，都不得使机械设备的传动部分成为焊接传导的电路，以防止机械零部件之间打火，造成设备安全事故。

◎事故案例

某厂在检修焊补水泵的管子时，焊工错误地把弧焊机二次回路的一端接到电动机的地线上，如图 5-8 所示。大约 400 A 的电流通过电动机的底座、齿轮、泵体和水管，再传到焊条上，造成齿轮之间被焊住（因轮齿接触处产生电阻热）的设备事故，工厂由于没有备件而被迫停产。

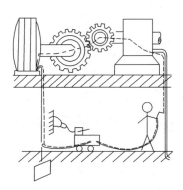

图 5-8　焊接电缆错误连接

125. 使用角向砂轮机时应注意哪些事项？

清理焊件、清除气割毛刺时需用手持电动工具——角向砂轮机，使用时应注意以下事项。

（1）角向砂轮机启用前，必须认真检查。整机外壳不得有破损，砂轮防护罩应完好牢固，电缆线、插头不得有损伤；启用前通电空载运行几分钟，检查工具的转动部件，是否转动灵活无障碍。

（2）角向砂轮机若长期搁置而需重新启用时，应测量绝缘电阻，绝缘电阻少于 7 MΩ 时，必须做干燥处理。

（3）角向砂轮机接电源前，必须首先检查电源电压是否符合要求，并将开关置于断开（OFF）位置。在供电电网临时停电时，应将其脱离电源，以防止电动机意外启动。

（4）在工作过程中，不要让砂轮受到撞击，使用砂轮切割时不得横向摆动，以免砂轮碎裂。为取得好的加工效果，应尽可能使工作头旋转平面与工件砂磨表面成 15°~30°的斜角。

（5）搬动时，应手持机体或手柄，不要提拉电缆线。

（6）角向砂轮机的电缆线与插头具有加强绝缘性能，不要任意换用其他导线、更换插头或任意接长导线。应保护好电缆线，不要让尖利硬物损伤绝缘护层。

（7）角向砂轮机应放置于干燥、清洁、无腐蚀性气体的环境中。机壳是用聚碳酸酯制成的，不要让其接触有害溶剂。

（8）非专职检修人员，不要任意拆卸、修理角向砂轮机。

126. 角向砂轮机应该怎样进行维护和保养？

（1）经常观察电刷的磨损状况，及时更换过短的电刷。更换后的电刷在刷窝中应活动自如，手试电动机运转灵活后，再通电空转15 min，使电刷与换向器接触良好。

（2）保持风道畅通，定期清除机内的油污与尘垢。

（3）使用过程中，若出现下列情况之一，必须立即切断电源送交专职检修人员处理。

1）转动部件卡住，转速急剧下降或突然停止转动。

2）发现有异常振动或声响，温升过高或有异味。

127. 焊接操作前，应做哪些安全检查?

焊接工作开始前，应先检查弧焊设备和工具等是否安全可靠。检查内容包括焊机外壳有无安设接地线或接零线，连接是否牢靠；焊接线路各接线点的接触是否良好；焊接电缆的绝缘外皮有无破损；气体保护焊、等离子弧焊和电阻焊等的弧焊机和焊枪的供气、供水系统有无漏气、漏水现象等。一切正常后，方可开始焊接操作。不允许未经检查就开始工作，否则易造成事故。

128. 焊接时何时要拉断开关断电操作?

（1）改变弧焊机的连接端头。

（2）转移工作地点需搬移弧焊机。

（3）更换焊件需改接二次回路。

（4）更换熔断器熔丝。

（5）工作完毕或临时离开工作现场。

（6）焊机发生故障需检修。

另外，推拉刀开关时，必须戴皮手套，头部需偏斜，眼睛不要直视，防止电火花或电弧灼伤脸部。

129. 弧焊机的安全操作要点是什么？

（1）焊工严禁接触一次线路的带电部分，安装、拆卸和检修焊机应由电工来操作。

（2）应注意一、二次线路不可接错，输入电压必须符合焊机的铭牌规定，一、二次接线处必须装有防护罩。

（3）二次接头连接铜板必须压紧，接线柱应有垫圈，通电前详细检查接线螺母、螺栓及其他部件应无松动或损坏。

（4）焊机不允许在高湿度（相对湿度超过90%）、高温度（40 ℃以上）以及有害工业气体、易燃易爆物品附近等场所工作。

（5）焊机外壳必须接地，安装多台焊机时，应接在三相网路上，并使三相负载平衡。

（6）现场使用的焊机应设有可防雨、防潮、防晒的机棚，并备有消防用品。野外作业时，焊机应放在避雨、通风良好的地方。

（7）启用新的或长期停用的焊机时，应对焊机性能进行检查，焊机一次侧的绝缘电阻不应低于 0.5 $M\Omega$。

（8）焊机未切断电源前，切不可触碰带电部分。工作完毕或临时离开工作场所时，必须切断电源。

◎**事故案例**

某厂有一焊接任务在室外临时施工作业，所用焊机本应由电工来安装，焊工擅自进行焊机一次侧电源的接线，操作时，本应有专门的电源箱连接焊机电源，而他错误地将电缆每股导线头部的漆皮刮掉，分别弯成小钩挂到露天的电网线上。由于错把零线接到火线上，致使焊机外壳带电，当他的手触及外壳时即遭电击。

130. 碳弧气刨使用注意事项有哪些?

（1）在刨削进行时，压缩空气不允许中断。否则造成碳棒急剧升温，外层的镀铜层熔化脱落，导致电阻增大进而烧坏气刨枪。

（2）刨削时，碳棒不断烧损，应及时调整碳棒伸出长度。当碳棒端头离刨枪铜头的距离小于 30 mm 时，应立即调整或更换碳棒，以免烧坏气刨枪。

（3）未切断电源前，应避免气刨枪铜头直接接触工件，否则会烧坏气刨枪。

（4）露天作业时，尽可能顺风向操作，以防止吹散的铁水及熔渣烧坏工作服或将人烧伤。

（5）气刨时使用的电流比较大，应注意防止焊机过载和连续使用而发热。

（6）操作者应注意站立位置，防止被飞溅的金属烫伤。

131. 碳弧气刨的危害有哪些?

碳弧气刨和切割过程中，会有大量的高温铁液被电弧吹出，被吹散的铁水及熔渣四处飞溅，容易引起烫伤和火灾事故。并且噪声较大，尖锐、刺耳的噪声容易危害人体的健康。碳弧气刨和切割所用的电流比焊接电流大得多，弧光更强烈，弧光的伤害也很大。同时要防止触电事故的发生，尤其在容器或舱室内部作业时，内部尺寸过于狭小，更应注意安全用电，而且，若操作现场没有通风装置来排除烟尘，其有害气体对人体会产生一定的危害。

132. 进行碳弧气刨操作时，应注意哪些安全问题?

（1）准备工作

1）清理工作场地，去除易燃易爆物品。

2）调整碳弧气刨的工艺参数，如电源极性、刨削电流与电极直径、刨削速度、压缩空气的流量等。

3）对焊机、附属设备和所刨削工件进行安全性确认，封闭管道、容器、船舱等狭小场所禁刨；对容器内或刨削点邻近有不明物时，应经专业人员检查，确认无危险后方可操作。

4）检查电源接线是否良好，气刨枪是否正常。佩戴好安全防护用具。

（2）安全技术

1）在雨雪和大风天不得进行露天气刨和切割。

2）露天作业时，应尽可能顺风向操作，防止被吹散的铁水及熔渣烧伤，并注意场地的防火。

3）在容器或舱室内部作业时，内部尺寸不能过于狭小，而且必须加强通风，并采取排除烟尘措施。并且还要有专人监护安全，安排好工间休息。

4）手工碳弧气刨和切割时，使用的电流较大，应注意防止电源过载或长时间连续使用导致发热而损坏。

5）最好选用专用于碳弧气刨的圆柱形碳棒或扁碳棒，如果采用电影机用的碳棒，则气刨时放出的有害气体较多。

6）碳弧气刨和切割操作现场 15 m 半径以内不准有易燃易爆物品存在。

7）碳弧气刨和切割过程中，大量的高温铁液被电弧吹出，容易引起烫伤和火灾事故。为了防止火灾和降低烟尘，气刨普通碳钢时，可采用水雾电弧气刨法，即在碳棒周围喷射出适量的水雾，以熄灭飞溅的火花和降低烟尘。此时应注意气刨枪不要漏水。

8）气刨枪通常使用 0.5 MPa 的压缩空气，以增强其喷射压力。当检查气刨枪故障时，不要将人的面部直对喷口，否则必须关闭气阀后再进行检查。

9）更换或移动热碳棒时，必须由上往下插入夹钳内。严禁用手抓握引弧端，以防炽热的碳棒烧焦手套或烫伤手掌。

10）碳弧气刨和切割时的噪声较大，尖锐、刺耳的噪声容易危害人体的健康。

11）碳弧气刨和切割的电流比焊接电流大得多，弧光更强烈，弧光的伤害也最大，应注意防护。

12）碳弧气刨和切割时，注意防止触电事故。

◎ **事故案例**

某厂一名焊工正在进行碳弧气刨操作，突然一声巨响，有人大呼出事了，现场一名工人倒在血泊中，大家急忙进行救护，并将受伤工人送往医院。经检查，碳弧气刨所用的压缩空气储气罐爆裂，飞出的封头击打在伤者胸部，致伤者两根肋骨断裂。

造成这次事故的原因是：碳弧气刨所用的压缩空气储气罐的封头为 T 形接头，焊缝承受着剪切力，承载能力很差，在较大载荷作用下，产生爆裂。储气罐封头应该采用具有较好承载能力的对接接头。因此，操作前对焊机、附属设备和所刨削工件进行安全性确认，就显得十分重要。

133. 埋弧自动焊时，应怎样进行安全操作？

（1）检查设备。导线应绝缘良好，各连接部位不许松动，控制箱、电源外壳应接地。焊接小车的胶轮应绝缘良好，机械活动部位应及时加注润滑油，确保运转灵活。

（2）在调整送丝机构及焊机工作时，手不得触及送丝机构的滚轮。

（3）检查焊接电缆长度，要求保证焊完预定的长度而不影响焊接的顺利进行，并且检查焊接电缆与焊件应连接牢固。

（4）操作时应穿戴绝缘鞋、手套和护目镜。对于固定台位，可加绝缘挡板隔热，并有良好的通风设施。

（5）要求焊接小车周围无障碍物，焊剂要干燥。若焊剂潮湿，应烘干处理，否则会产生大量的蒸气，从而加大熔渣飞溅，易造成烫伤。

（6）焊接过程中，要防止焊剂突然停止供给而出现强烈弧光伤害眼睛。

（7）焊接过程中要理顺导线，防止被熔渣烧损。如发现电缆破损要及时处理，以保证绝缘良好。

（8）焊机发生电气故障时，必须切断电源由电工修理。

（9）在埋弧焊焊剂的成分中，含有氧化锰等对人有害的物质，所以，焊接过程中要加强通风。

（10）埋弧焊焊接长焊缝时，在清理焊缝焊渣和焊剂回收过程中，注意防止热的焊剂和焊剂熔渣烫伤手和脚。

（11）往焊丝盘装焊丝时，要精神集中，防止乱丝伤人。

134. 气体保护焊有哪些不安全因素？

由于气体保护焊的电流密度大、弧温高、弧光强，除了金属的蒸发和氧化产生有害的金属粉尘外，还会产生浓度较高的有毒有害气体，如臭氧、氮氧化物和一氧化碳等。因为气体保护焊采用保护气体代替焊药和焊剂，所以不像焊条电弧焊和埋弧焊那样在电弧周围充满药皮、焊剂的蒸气，它的主要危害是有毒气体。例如，氩弧焊时电弧外围空气受热所产生的臭氧和氮氧化物的浓度，分别是焊条电弧焊的4.4 倍和 7 倍。二氧化碳焊时，二氧化碳气体在电弧高温的作用下，还会产生一氧化碳气体。

气体保护焊的弧光辐射强度高于焊条电弧焊，如波长为 233～290 nm 的紫外线相对强度，焊条电弧焊为 0.06，而氩弧焊为 1.0。强烈的紫外线辐射，会损害焊工的皮肤、眼睛和工作服。

氩气是一种稀有气体，它不会燃烧，但气瓶内压力高，在运输、储存和使用时，存在爆炸的危险性。

氩弧焊采用高频振荡器帮助引弧时，有电磁场辐射产生。钍钨极的放射性粒子在一定程度上会危害焊工的健康。

135. 手工钨极氩弧焊时，如何安全操作?

（1）准备工作

1）清理好工作场地，准备好辅助工具和防护用品。

2）检查设备。焊机上的导线、电缆及接头是否完好，手把绝缘是否良好，地线与工件连接是否可靠，水路、气路是否畅通，高频或脉冲引弧器和稳弧器是否良好。

3）检查焊件。坡口内不得有熔渣、泥土、油污、沙粒等杂质存在。在焊缝两侧 20 mm 处不得有油、锈。焊丝的除油、除锈可用砂布打磨，用丙酮擦洗，直至露出金属光泽。焊件摆放要符合工艺要求，有利于施焊，有利于控制变形，有利于安全操作。不要在风口处或强制通风的地方施焊。

（2）安全技术

1）为了防止焊机内的电子元器件损坏，在移动焊机时，应取出电子元器件，以便单独搬运。

2）气体保护焊焊机内的接触器、断路器的工作元器件，焊枪夹头的夹紧力以及喷嘴的绝缘性能等，都要定期进行检验。

3）用高频引弧的焊机或装有高频引弧装置的焊机，所用的焊接电缆都应有铜网编织的屏蔽套并且可靠接地。

4）穿戴好个人防护用品，应在通风良好的作业条件下工作。工作场地严防潮湿和存有积水，严禁堆放易燃易爆物品。

5）工件必须可靠接地，用直流电源焊接时要注意减少高频电作用时间，引弧后要立即切断高频电源。

6）冬季施焊时，一定要用压缩空气将整个水路系统中的水吹净，以免冻坏管道。

7）气体保护焊机焊接作业结束后，禁止立即用手触摸焊枪的导电嘴，避免烫伤。

8）焊工打磨钨极应在专用的、有良好通风装置的砂轮机上进行，或在抽气式砂轮机上进行，并且要穿戴好个人劳动防护用品，打磨工作结束后，应立即洗手和洗脸。

9）钍钨极在焊接过程中有放射性危害，虽然放射剂量很小危害不大，但是，当放射性气体或微粒进入人体成为内放射源时会严重影响身体健康。

10）盛装保护气体的高压气瓶，应小心轻放，直立固定，防止倾倒。气瓶与热源距离应大于3 m，不得暴晒。瓶内气体不可全部用尽，要留有余气。用气旋开瓶阀时，应缓慢开启，不要操作过快。

11）氩弧焊用的钨极，应有专用的保管地点且放在铅盒内保存，并由专人负责发放，焊工随用随取，报废的钨极要收回集中处理。

12）在氩弧焊过程中，会产生对人体有害的臭氧和氮氧化物，尤其是臭氧的浓度远远超出卫生标准，所以，焊接现场要采取有效的通风措施。

13）为了防备和削弱高频电磁场的影响，进行氩弧焊时，在保证焊接质量的前提下，可适当降低频率。

14）由于在氩弧焊时，臭氧和紫外线的作用较强烈，对焊工的工作服破坏较大，所以，氩弧焊焊工适宜穿非棉布的工作服（如耐酸呢、柞丝绸等）。

136. 氩弧焊操作过程中，磨削钨极时要注意什么？

钍是放射性元素，虽然钨极氩弧焊使用的钍钨极的放射剂量很小，在容许范围内，但是，若放射性气体进入人体成为内放射源时则会严重影响人体健康，特别是磨尖钍钨极时，灰尘中存在较多放射性粒子，会给操作者带来有害的影响。因此，应尽可能采用放射剂量极低的铈钨极。加工时要采用封闭式或抽风式砂轮机进行磨削；磨削时应戴口罩、手套等个人防护用品，完毕后要洗净手、脸；存放时将铈钨极放在铅盒内保存。

137. 氩弧焊采用高频振荡器引弧，对人体是否有不利的影响？

氩弧焊采用高频振荡器帮助引弧时，产生的高频电磁场强度可达 $60 \sim 100$ V/m，超过卫生标准（20 V/m）数倍，但因时间短，对人体危害不大。若频繁产生电弧或将高频振荡器作为引弧装置在焊接时持续使用，会引起焊工出现头昏、疲乏无力、心悸等症状，对焊工危害较大。

138. 钨极氩弧焊时，如何防止触电事故的发生？

钨极氩弧焊时，其弧焊电源（弧焊变压器、弧焊发电机、弧焊逆变器等）的空载电压为 $60 \sim 80$ V，高于安全电压（36 V）；当采用非接触（非短路）法引弧时，高频振荡器或高压脉冲发生器将输出数千伏的高压电，而且又是双手操作（一手持焊丝，一手持焊枪）。在此情况下，如果焊工的手套、工作服及工作鞋破损、潮湿，或焊枪、导线的绝缘不良以及焊工操作不当等，则很可能会在焊接过程中发生触电的危险。

在进行钨极氩弧焊作业时，焊工必须严格执行有关安全操作规程，并遵守以下防触电的安全措施。

（1）应穿干燥的工作服、绝缘鞋，戴完好的手套。

（2）必须在检查确认弧焊机和控制箱的外壳可靠接地或接零后，方可接通电源。

（3）焊枪及导线（包括焊枪上的控制开关和控制导线）的绝缘必须可靠；当采用水冷焊枪时，必须经常检查水路系统，防止因漏水而引起触电。

（4）不得将焊枪喷嘴靠近耳朵、面部及身体的其他裸露部位来试探保护气体的流量，尤其是采用高频高压或脉冲高压引弧和稳弧时，更应严禁这种做法。

（5）调节或更换焊枪的喷嘴和钨电极时，必须先切断高频振荡器和高压脉冲发生器的电源。更不允许带电赤手更换钨电极和喷嘴。

（6）当钨电极和喷嘴温度较高时，高频或脉冲高压能够击穿气体介质而导电，因此，在焊接停止时，应及时切断高频振荡器或高压脉冲发生器的电源，以防止发生严重的热态电击和偶然的重新起弧。

（7）焊接过程中，不得赤手操作填充焊丝。

（8）焊接过程中，焊接设备发生电气故障时，应立即切断电源。焊工不得带电查找故障和擅自修理。

其他防触电等安全防护措施与焊条电弧焊基本相同。

139. 氩弧焊时，为什么要有良好的通风装置?

由于氩弧焊时弧柱温度高，紫外线辐射强度远大于焊条电弧焊所产生的辐射强度，焊接时会产生对人体有害的臭氧和氮氧化物。因此，工作现场要有排出有害气体及烟尘的良好通风装置。

如果在容器内进行氩弧焊而又不能进行通风时，可以采用送风式头盔、送风式口罩或防毒口罩等防护措施。

140. 自动（半自动）焊工上岗前需要了解哪些安全操作规程?

（1）遵守《焊工一般安全规程》。

（2）检查机电设备的接地装置、防护装置、限位装置的电气线路是否完好和符合安全要求，对机械运转部分应试验是否灵活，并加注润滑油。检查设备周围有无障碍物。场地必须通风良好，不准潮湿，必要时要加设风扇及绝缘垫。

（3）合开关时要戴手套，一次推到位，脸避开开关。合上开关后不准任意拔掉控制箱通往变压器及焊接机头（如小车）的插销。

（4）焊剂要保持干燥，潮湿时要烘干。

（5）焊接时，导线要放置好，以免被熔渣烧坏。导线如破皮露线，应及时进行更换或用胶布包扎好。

（6）吊运工件时应与吊车工、挂钩工密切配合，注意避免吊物与焊接设备碰撞（特别是检修机架时）。

（7）登上机架或平台操作时注意力要集中，防止滑落跌倒。

141. 二氧化碳气体保护焊时，如何安全操作?

二氧化碳气体保护焊的主要危险因素是电击、火灾和灼烫。

二氧化碳气体保护焊属于熔化极气体保护焊，焊接过程中金属（熔滴）飞溅较大，与其他焊接方法相比，更容易引起火灾和人身烫伤事故。因此，在进行二氧化碳气体保护焊时，除应防止电击外，还需特别注重焊接场所的防火措施和人员的防灼烫保护。

（1）准备工作

1）焊前应用角向砂轮或钢丝刷将坡口两侧 10 mm 范围内表面油污、漆层、氧化皮及铁锈清理干净，方可进行焊接。严禁带漆焊接。

2）检查设备。检查电源线是否破损，地线接地是否可靠，导电嘴是否良好，送丝机构是否正常。

3）气路检查。二氧化碳气体气路系统各部位连接处是否漏气，二氧化碳气体是否畅通和均匀喷出，发现漏气或堵塞应及时维修。

（2）安全技术

1）二氧化碳气体保护焊时，电弧的温度为 6 000~10 000 ℃，电弧的光辐射比焊条电弧焊强，作业人员应戴齐全、完好、干燥、阻燃的手套，穿工作服及绝缘鞋等个人防护用品。

2）二氧化碳气体在焊接高温作用下，会分解成对人体有害的一氧化碳气体，所以，在容器内焊接时，必须加强通风，而且还要使用能供给新鲜空气的特殊设备，通风不良时应戴口罩或防毒面具，容器外要配备监护人。

3）装有液态二氧化碳的气瓶，满瓶的压力为 0.5~0.7 MPa。当受到热源加热时，液体二氧化碳就会迅速蒸发为气体，使瓶内气体压力升高，有爆炸的危险。所以二氧化碳气瓶不能靠近热源，同时还要采取防高温的措施。

4）当气瓶内二氧化碳气体压力降低到 0.1 MPa 时，不宜继续使用。

5）大电流粗丝二氧化碳气体保护焊时，应防止焊枪的水冷系统漏水而破坏绝缘，发生触电事故。

6）焊接作业点附近，不得有易燃易爆物品。作业现场的周围存在易燃易爆物品时，必须确保规定的安全距离，并采取严密的防范措施。

7）二氧化碳气体保护焊时，焊接飞溅物较多，尤其是用粗焊丝焊接时，飞溅更多，焊工要注意防止被飞溅物灼伤。

8）焊丝送入导电嘴后，不得将手指放在焊枪喷嘴口来检查焊丝是否伸出，更不准将焊枪喷嘴口对着面部来观察焊丝的伸出情况。

9）严禁将焊枪喷嘴靠近耳朵、面部及身体的其他裸露部位来试探气体的流量。

125

10）二氧化碳气体保护焊时，由于焊接飞溅大，飞溅物容易粘在喷嘴内壁上，引起送丝不畅，造成电弧不稳定，气体保护作用降低，使焊缝质量降低，所以，要经常清理粘在喷嘴内壁上的飞溅物或更换喷嘴。

11）焊接过程中应尽量避免中断，当出现焊接故障和电弧不稳定时，应立即停止焊接，进行检查调整。

12）二氧化碳气体预热器使用的电压不得大于 36 V，外壳要可靠接地，焊接工作结束后，立即切断电源。

13）二氧化碳气体保护焊不适宜在野外和有风的地方及温度低于-10 ℃的环境下焊接。

142. 如何做好二氧化碳焊机的保养?

（1）焊机应按外部接线图正确安装，焊机外壳必须可靠接地。

（2）必须按照焊机铭牌上规定的负载持续率使用焊机。

（3）经常检查电源和控制部分的接触器及继电器等触点的工作情况，发现损坏应及时修理或更换。

（4）必须定期检查半自动送丝软管以及弹簧管的工作情况。

（5）经常检查送丝滚轮压紧情况和磨损程度，压紧力要合适。

（6）经常检查导电嘴与焊丝的接触情况，当导电嘴孔径严重磨损时，要及时调换。

（7）经常检查喷嘴，并及时清除飞溅物，以保证保护效果。为了便于清除喷嘴内的飞溅物，可在喷嘴内壁涂以硅油后再使用。

（8）经常检查预热器的情况，保证预热器正常工作。

（9）焊机必须定期检查和维修，保证经常处于正常工作状态。

（10）操作者应掌握焊机的一般构造、电动机原理以及正确使用方法。

143. 弧焊机安装和使用时要符合弧焊机铭牌的规定吗?

（1）弧焊机接入供电网路时，网路电压（380 V 或 220 V）必须与弧焊机铭牌规定的输入电压相符，以免接错烧毁设备。

（2）弧焊机的频率有 50 Hz 和 60 Hz 两种，安装时，要确认电源频率与焊机频率能否兼用，还是仅适用单一频率，做到正确使用，以免造成焊机过热和烧损。

（3）焊接作业时，要了解弧焊机的负载持续率，应按照焊机的额定焊接电流正确使用，不要使设备过载而遭损坏。

144. 弧焊机适宜放置在什么场所?

（1）弧焊机应尽量放置在粉尘较少、不受太阳直接照射的房间内，以免设备过早老化。

（2）弧焊机应尽可能放置在通风良好又干燥的地方，特别要注意对整流器器件的保护和冷却。

（3）防止弧焊机放置在湿度较高的地方，以免影响焊机线路的绝缘程度。

（4）保持弧焊机内部清洁，定期用干燥的压缩空气吹净内部灰尘，对整流元件尤其要注意。

145. 如何选择焊机熔断器的保险容量？

为保证焊接设备的安全使用，每台弧焊机应设置一个专用开关，并应保证熔断器使用的熔丝是规定的保险容量。

熔丝的保险容量大小，直接影响着弧焊机及专用开关的安全使用。为避免焊机过载，当弧焊电源的输出电流较大时，选择熔丝的容量应随之增大，以保证焊接过程的顺利进行。

146. 二氧化碳焊机使用前，要做哪些检查和调试？

（1）二氧化碳焊机送电前，要检查设备各部件的连接是否完善，尤其要检查地线是否接好，能否安全运行。

（2）二氧化碳焊机要进行电源参数调试、控制系统调试、送丝机构调试、气路调试、焊枪使用检查和焊接工艺参数调试。

（3）二氧化碳焊机操作前，检查送丝滚轮的沟槽是否清洁，送丝软管是否畅通无阻，各连接点有无松动，以避免出现各触点"打火"现象，损坏焊机零部件。

147. 为什么焊机在使用前要检查一、二次侧的电缆绝缘性能？

使用焊接设备前，一定要认真检查焊接电缆的绝缘性能是否保持良好。不管是一次侧还是二次侧的电缆，通电部分外露时，都应及时进行包裹和更新，否则容易造成触电事故或因漏电造成火灾。

148. 熔化极气体保护焊的安全操作要求是什么？

（1）熔化极气体保护焊焊机内的接触器、断路器的工作元器件，焊枪夹头的夹紧力以及喷嘴的绝缘性能等，应该定期进行检查。

（2）由于熔化极气体保护焊时，臭氧和紫外线的作用较强烈，对焊工的工作服破坏较大，所以，气体保护焊焊工适宜穿非棉布的工作服（如耐酸呢、柞丝绸等）。

（3）熔化极气体保护焊时，电弧的温度为 6 000~10 000 ℃，光辐射比焊条电弧焊强，因此要加强防护。

（4）熔化极气体保护焊时，工作现场要有良好的通风装置，有利于排出有害气体及烟尘。

（5）焊机在使用前，应检查供气系统、供水系统，不得在漏气漏水的情况下运行，以免发生触电事故。

（6）盛装保护气体的高压气瓶，应小心轻放，直立固定，防止倾倒。气瓶与热源距离应大于 3 m，不得暴晒。瓶内气体不可全部用尽，要留有余气。用气旋开瓶阀时，应缓慢开启，不要操作过快。

149. 电阻焊操作人员上岗前，有哪些安全防护的要求？

（1）操作人员必须经三级安全教育和电阻焊焊接技术的专业培训，经考核合格持证上岗。

（2）操作人员需熟悉本岗位设备的操作技能，严格按操作规程操作。

（3）正确穿戴和使用劳动防护用品，遵章守纪，杜绝"三违"（违章指挥、违章操作、违反劳动纪律）。

（4）精心操作，爱护设备，养成班前检查、班后维护的习惯，确保设备的电路、电器、气路、水路及制动、接地、仪表的完好及灵敏可靠，设备不得带病（隐患）作业。

150. 电阻焊时，焊工的主要危险是什么？

触电是电阻焊时焊工的主要危险，这种事故主要在变压器的一次线圈绝缘损坏时发生。熔融金属的飞溅及火花的燃烧，或由于超载过热以及冷却水堵塞而停供，使冷却作用失效，都有可能造成一次线圈绝缘的破坏。

151. 防止电阻焊触电的主要安全措施是什么？

（1）保持二次线路中的一点永远连接在机架上，而机架本身必须可靠接地，或者是将焊机外壳进行可靠接地。

（2）用踏板或按钮进行操纵时，焊接电源开关的接头必须保持完好状态，焊工应穿绝缘胶鞋、戴皮手套和皮围裙，配电箱前的地面上应放上绝缘胶皮垫，进行换挡、换电极或做修理工作时必须停电等。

（3）操纵断续器时，必须按规定的顺序操作，各种信号灯、仪表等应良好，冷却水的压力和温度不得超过要求，不得有堵塞和渗漏的现象。

◎**事故案例**

某厂铁壳车间焊工使用点焊机进行铁壳点焊，工作一小时后，发现点焊机一次活动引线已断。车间电工拿了一段活动线头交给焊工自己更换。电气设备出现故障，本应及时由电工修理，然而该焊工擅自换线，发现一次回路接线板烧损，螺栓松动，没有意识到电源与外壳接触，而且焊机外壳没有接地，只用扳手紧固几下就离去。另外一名焊工没有了解前面焊工接线情况，便进行点焊操作，没有穿戴绝缘手套和绝缘鞋，便坐在凳子上。一只脚踏在地面的台虎钳上，另一只脚踏在点焊机的控制脚踏板上违章操作。这样电源电压加到他的一只脚上，经另一只脚和台虎钳与地面构成回路。他只焊了几下便大叫一声，跌倒在地。大家立即断电，将伤者送往医院，终因抢救无效死亡。

152. 电阻焊时，防止烟尘危害有什么办法？

进行电阻对焊，尤其是闪光对焊焊接时，会产生大量有害气体、金属蒸气和灰尘，使焊工呼吸区域内的空气受到污染。空气中的灰尘是由于金属蒸气的氧化而形成的。实测资料介绍，工作地点的含尘量约为 2 000~3 000 mg/L，在对焊时约为 6 000~9 000 mg/L。产生烟尘的同时还会产生一氧化碳，在个别情况下，能达 0.08 mg/L（超出允许含量约 2.6 倍）。在焊接有色金属或带有特殊镀层的钢时，还会产生锌和铅的金属蒸气，这些气体都是对人体很有害的。为了预防这方面的危害，应及时排出工作地点被污染的空气，最好的办法是在工作间安装良好的通风设备。

153. 电阻焊时，防止砸伤、割伤的安全措施是什么？

电阻点焊时，工件的夹持和顶锻都需要很大的力量，这均由风压、液压及电力机械产生，最大可达几百牛顿的力。故在弧焊机上必须安置防护罩，以防止机械性的夹伤、挤伤和轧伤。特别是焊接重、大、长的焊件时，应采用机械化操作，如应用可移动的或固定的滚道式轴承支架来承托，以防焊件掉下造成砸伤，支架可装在弧焊机的一侧或两侧。此外，操作者还应戴好帆布手套，防止金属的毛刺、飞边造成割伤。

进行电阻缝焊和对焊操作时，还应注意滚盘和电极的运动方向，避免压伤手部。

在功率稍大的电阻焊中，都有水冷装置，为防止冷却水破坏绝缘和冷却水管堵塞烧坏电极，增加电极烧损，应保持冷却水管完好无泄漏。冷却水必须经过敞开的漏斗排往下水道，以便焊工能随时检查冷却系统是否畅通。

154. 电阻焊操作时，容易引起灼烫和火灾的因素有哪些？

电阻焊操作可能引起灼烫和火灾。在进行闪光对焊时，大的电流密度使接触点及其周围的金属在瞬间熔化，甚至形成气化状态，往往会引起接触点的爆裂和液体金属的溅出。点焊和缝焊时亦可有熔化金属溢出。这些金属飞溅和四处喷射火花，是造成焊工灼伤与引起火灾的原因。往往还由于焊接操作不当引起灼烫伤害。

（1）焊接操作失当，在电流未全部切断时就提起电极，会造成电极工件间产生火花烧穿工件，火花喷溅伤及作业人员。

（2）电阻焊因操作不当，如电极压力过小、电流密度过大或工件不洁引起局部电流导通，都会造成火花喷溅伤及作业人员。

（3）电阻焊熔核的高温一般都超过工件金属的熔点，操作人员防护不当也会造成灼烫伤害。

155. 安装电阻焊设备时，对电源有哪些要求？

合适的电源是电阻焊设备达到预期生产率的先决条件，供电系统主要由电力变压器、馈电母线、分断开关、指示仪表的开关板和弧焊机的导线组成。

电力变压器和馈电母线是否合适要由两个因素决定：允许的电压

131

降和允许的发热程度。允许的电压降是决定性因素，但也必须考虑发热因素。

为保证焊接质量，不论向单台或多台弧焊机供电时，规定总电压降不超过5%是合适的，最大时不应超过10%。电压降应在弧焊机所在处测量。从开关板到弧焊机的导线越短越好，截面应满足额定电流值导通的规定，并且应设计成低阻抗以使线路中的电压降最小。

156. 安装电阻焊设备时，应注意哪些问题？

电阻焊设备安装时，弧焊机应远离有剧烈振动的设备，如大吨位冲床、空气压缩机等，以免引起控制设备工作失常。

气源压力要求稳定，压缩空气的压力不低于0.5 MPa，必要时应在弧焊机近旁安置储气筒。

冷却水压力一般应不低于0.15 MPa。进水温度不高于30 ℃。要求水质纯净，以减少造成漏电或引起管路堵塞。在有多台弧焊机工作的场地，当水源压力太小或不稳定时，应设置专用冷却水循环系统。

在闪光对焊或点焊、缝焊有镀层的工件时，应有通风设备。

大多数电阻焊机都要水冷却。对于排水，一般是经过集水管排出，在点焊和缝焊时，还可能采用浇水方式使电极和工件冷却，冷却水由附加集水槽排出。

157. 调试电阻焊设备时，有哪些要求？

通电前要按照说明书检查连接线是否正确，测量各个带电部位至机身的绝缘电阻是否符合要求，检查机身的接地是否可靠，水和气是否畅通，测量电网电压是否与焊机铭牌数据相符。

当确认焊机安装时，便可进行通电检查，主要是检查控制设备各个按钮与开关操作是否正常。然后进行不通焊接电流下的机械动作运行，即拔出电压级数调节组的手柄或把控制设备上焊接电流通断开关放在断开的位置。启动焊机，检查工作程序和加压过程。

使用与工件相同材料和厚度裁成的试件进行试焊。试验时通过调节焊接工艺参数（电极压力、二次空载电压通电时间、热量调节、焊接速度、工件伸出长度、烧化量、顶锻量、烧化速度、顶锻速度、顶锻力等），以获得符合要求的焊接质量。

对一般工件的焊接，用试件焊接一定数量后，经目视检查应无过深的压痕、裂纹和过烧，再经撕破试验检查焊核直径合格且均匀即可正式焊接几个工件。经过产品质量检验合格，焊机即可投入生产使用。

对工件要求严格的航空和航天等领域，当焊机安装、调试合格后，还应按照有关技术标准，焊接一定数量的试件，并经目测、金相分析、X 射线检查、机械强度测量等试验，评定焊机工作的可靠性。

158. 如何对电阻焊设备进行维护保养?

做好日常保养是保证焊机正常工作，延长使用寿命的重要环节。主要包括：保持焊机清洁，电气部分要保持干燥，注意观察冷却水流通状况，检查电路各部位的接触和绝缘状况；进行定期维护检查，对机械部位应定期加润滑油，缝焊机还应在旋转导电部分定期加特制的润滑油，检查活动部分的间隙，观察电极及电极握杆之间的配合是否正常，有无漏水，电磁气阀的工作是否可靠，水路和气路管道是否堵塞，电气接触处是否松动，控制设备中各个旋钮是否打滑，元件有无脱焊或损坏。

159. 等离子弧焊接与切割过程中，如何防电击?

同其他弧焊电源相比，等离子弧焊接和切割所用电源的空载电压较高，所以在作业时其发生电击的可能性也较其他方法的电弧焊高。尤其是手工操作的等离子弧焊接与切割作业，电击的危险性更大。因此，在等离子弧焊接与切割作业的安全防护中，应特别注重防止电击的基本安全措施。

（1）作业人员穿戴的个人防护用品必须符合安全要求。

（2）焊接与切割所用电源设备必须经检查确认具有可靠的接地后，方可接通电源。

（3）焊枪或割枪的枪体及手触摸部位必须可靠绝缘。

（4）转移型等离子弧焊接与切割时，可采用低电压引燃非转移弧后，再接通较高电压的转移弧回路。

（5）更换喷嘴和电极时必须先切断电源。

（6）手把上外露的启动开关必须套上绝缘橡胶套管。

（7）尽可能采用自动操作方法。

其他有关安全防护措施，与上述几种电弧焊方法基本相同。

160. 等离子弧焊接与切割过程中，如何防电弧光辐射?

电弧光辐射强度大，主要由紫外线辐射、可见光辐射与红外线辐射组成。等离子弧较其他电弧的光辐射强度更大，尤其是紫外线强度，对皮肤损伤严重，操作者在焊接或切割时必须戴上良好的面罩、手套，颈部也要保护，自动操作时，可在操作者与操作区设置防护屏。等离子弧切割时，可采用水中切割方法，利用水来吸收光辐射。

161. 等离子弧焊接与切割过程中，如何防灰尘与烟气？

等离子弧焊接和切割过程中伴随有大量气化的金属蒸气、臭氧、氮化物等。尤其在切割时，由于气体流量大，致使工作场地上的灰尘大量扬起，这些烟气与灰尘对操作工人的呼吸道、肺等产生严重影响。

因此，要求工作场地必须配置良好的通风设施。切割时，在栅格工作台下方还可设置排风装置，也可以采取水中切割方法。

162. 等离子弧焊接与切割过程中，如何防噪声？

等离子弧会产生高强度、高频率的噪声，尤其采用大功率等离子弧切割时，其噪声更大，噪声能量集中在 2 000~8 000 Hz 范围内。要求操作者必须戴耳塞，有条件时可尽量采用自动化切割，使操作者在隔音良好的操作室内工作，也可以采取水中切割方法，利用水来吸收噪声。

163. 等离子弧焊接与切割过程中，如何防高频？

等离子弧焊接和切割都采用高频振荡器引弧，但高频对人体有一定危害。引弧频率选择在 20~60 kHz 较为合适，还要求工件接地可靠，转移弧引燃后，立即可靠地切断高频振荡器电源。

164. 真空电子束焊的危险性和有害性是什么？

真空电子束焊由于焊接深度大，焊缝性能好，焊接变形小，焊接精度高，可焊接难熔合金和难焊材料，并具有较高的生产率，在高科技、高精度的制造业中广泛使用。但是真空电子束焊也存在着以下危险性和有害性。

（1）焊接前在调整电子束斑时，操作人员防护不当易损伤视觉。

（2）焊接过程中操作人员直接观察熔池，眼睛易受伤害。

（3）对于难熔金属和异种金属焊前预热（有的高达 1 300 ～ 1 700 ℃）、焊后退火的工件，如操作不当、防护不好易受到灼烫伤害。

（4）对活泼金属以及难熔金属等进行焊接时，金属熔融的蒸气中有些含有有毒、有害的物质，如果泄漏，易造成人员的中毒或窒息。

（5）真空电子束焊采用的是高压、高速电子流的离子轰击原理，电子束易受磁场的影响，操作人员也易受高频磁场的危害。

（6）真空电子束焊接时会产生 X 射线，操作人员操作不当或防护不好会受到 X 射线的伤害。

（7）真空电子束焊电气系统接地失效，线路因腐蚀、碰撞、电流过大、绝缘老化等因素，会造成人员触电伤害。

165. 电子束焊时，怎样做好对高压电击、X 射线和烟气的安全防护？

（1）高压电源和电子枪应有足够的绝缘和良好的接地。绝缘试验电压应为额定电压的 1.5 倍。装置设专用地线，其接地电阻应小于 3 Ω，外壳应用粗铜线接地。在更换阴极组件和维修时，应切断高压电源，并用放电棒接触准备更换的零件，以防电击。

（2）焊接时，大约不超过 1% 的电子束能量将转变为 X 射线辐射。我国规定对无监护的工作人员允许的 X 射线剂量不大于 0.25 rem/h。加速电压为 60 kV 以上的焊机应附加铅防护层。

（3）要加强操作间及设备间的通风和环境洁净，必要时可采用机械排风方式，将真空室排出的油气、烟尘排出室外，避免污染环境和危害作业人员健康。

（4）焊接过程中要正确使用劳动防护用品，遵章守纪，杜绝"三违"。

（5）不要用肉眼直接观察焊接熔池，必要时应戴防护眼镜，避免眼睛损伤。

166. 激光焊接的危险性和有害性是什么？

激光焊接除具有一般性常规焊接的危险性和有害性，如机械伤害、触电、灼烫等，其特有的危险性和有害性是激光辐射。激光辐射眼睛或皮肤时，如果超过了人体的最大允许照射量，就会导致组织损伤。最大允许照射量与波长、波宽、照射时间等有关，而主要的损伤机理与照射时间有关。

（1）对眼睛的危害。当眼睛受到过量照射时，视网膜会烧伤，引起视力下降，甚至会烧坏色素上皮和邻近的光感视杆细胞和视锥细胞，导致视力丧失。

我国激光从业人员的损伤率超过 1/1 000，其中有的基本丧失视力，所以对眼睛的防护要特别关注。

（2）对皮肤的危害。当脉冲激光的能量密度接近几焦耳每平方厘米或连续激光的功率密度达到 0.5 W/cm² 时，皮肤就可能遭到严重的损伤。可见光波段（400~700 nm）和红外波段激光的辐射会使皮肤出现红斑，进而发展为水疱；极短脉冲、高峰值功率激光辐射会使皮肤表面炭化；对紫外线激光的危害和累积效应虽然缺少充分研究，但也不可掉以轻心。

（3）触电。高功率激光器用高压电源供电，存在着电击的危险。

（4）烟尘。激光焊接与切割和打孔过程中会产生有害的金属烟雾和蒸气，危害作业人员呼吸道系统。

167. 激光焊接要做哪些安全防护？

（1）作业场所、设备方面的工程控制

1）最有效的措施是将整个激光系统置于不透光的罩子中。

2）对激光器装配防护罩或防护围封，防护罩用于防止人员接受过量辐射，防护围封用于避免人员受到激光照射。

3）工作场所的所有光路包括可能引起材料燃烧或二次辐射的区域都要予以密封，尽量使激光光路明显高于人体高度。

4）在激光加工设备上设置激光安全标志，激光器无论是在使用、维护或检修期间，标志必须永久固定。激光辐射警告标志一律采用如图5-9所示的正三角形。

图5-9　激光辐射警告标志

（2）操作人员的个体防护。即使激光加工系统被完全封闭，工作人员亦有接触意外反射激光或散射激光的可能性，所以个人防护不能忽视。个人防护主要使用以下器材。

1）激光防护眼镜。其最重要的部分是滤光片（有时是滤光片组合件），它能选择性地衰减特定波长的激光，并尽可能地透过非防护波段的可见辐射。激光防护眼镜有普通型、防侧光型和半防侧光型等。

2）激光防护面罩。实际上是带有激光防护眼镜的面盔，主要用于防紫外线激光。

3）激光防护手套。工作人员的双手最易受到过量的激光照射，特别是高功率、高能量激光的意外照射对双手的威胁很大。

4）激光防护服。防护服由耐火及耐热材料制成。

168. 钎焊过程中要注意哪些不安全因素？

钎焊黄铜时，所接触的母材及钎料都为铜锌合金，使用的焊剂为硼砂。钎焊时，高温下锌的挥发、硼砂的熔融，使空气中弥漫着锌、镉的蒸气和氟化物等有害气体，如果排烟与通风条件不好，浓度增大，很容易引起有害气体职业危害。

◎**事故案例**

某厂接受批量铜套与钢轴的钎焊任务，安排在一库房内，没有通风装置，工作地点又较窄小，加上工期短、时间紧，焊接操作时间较长，几天后，焊工感觉胸闷、心慌，最后身体不适而晕倒，由于抢救及时，无有大碍，但是教训是深刻的。

169. 钎焊时，怎样进行安全操作？

凡钎焊工作区域空间高度低于 5 m 时或在妨碍对流通风的场合进行钎焊时，必须安装通风装置，以防有毒物质的积聚。

钎焊过程中接触的化学溶液较多，应严格遵守使用和保管有关化学溶液的规定。

钎焊过程中要防止锌、镉等蒸气及氟化氢的毒害。凡使用含锌、镉等钎料及氟化物钎剂进行钎焊时，应在通风流畅的条件下进行，操作时要戴防护口罩。

170. 电渣焊操作时，在形成渣池的过程中要注意些什么？

电渣焊时，为了获得一定深度的渣池，焊接接头总是处在近于垂直的位置，并强制焊缝形成。熔化的金属、熔渣和流动水同时存在，当冷却水漏入焊接熔池时，熔渣就会从渣池中喷溅出来造成伤害。

在利用电弧孕育渣池时，液体渣和金属可能从熔池空间溅出，造成伤害。

由于电渣焊过程的这些特点，在电渣焊接时，高温熔池和液体金属因漏水爆炸、电弧爆炸和漏渣，造成喷溅，可能引起灼伤和火灾。

171. 电渣焊焊接作业有哪些不安全因素?

由于电渣焊适用于焊接大厚度的焊接构件，因此需用大型设备装置，其焊接作业过程是一项综合性的操作，其中主要的危险性有以下几项。

（1）大型设备的吊装、定位，工夹具的装配，如操作失当，会造成起重伤害、高处坠落物体打击伤害等。

（2）大型设备的焊机，如 BP1-3X 电渣焊变压器为三相 380 V，额定容量为 450 kW，焊接电流高达 1 500 A 以上。焊接操作不当会造成操作人员触电危险，大电流的噪声会造成操作人员听力损伤，电器短路或电流过大等还会造成焊机变压器烧毁甚至危及电网安全。

（3）渣池温度高达 1 600~2 000 ℃，工件正火、回火热处理温度也达 400~800 ℃，如操作不当、防护失效会发生作业灼烫等伤害。

（4）作业场所通风不良，操作人员防护不当，电渣焊产生的有害烟气会给作业人员的健康带来损害。

（5）焊接时滑动的夹持机构（如移动水冷成型块、支架滑动轴等）如操作疏忽，可能造成机构伤害。

（6）焊接过程中，操作人员如身体某部位或操作的工具（如扳手、旋具等）触及电极会造成触电伤害。

（7）水系统破裂或泄漏，会恶化作业环境，溅落到地面会造成作业人员滑跌，溅到电器上会使电器短路烧毁，甚至引发作业人员触电等事故。

172. 爆炸焊接有哪些特点？存在哪些安全隐患？

爆炸焊接的特点是：对于在性能方面差异性极大、用通常方法很难熔焊的金属，采用爆炸焊接可以很容易将其焊接在一起，并且爆炸焊接结合面的强度很高，往往比母体金属中强度较低的母体材料的强度还高。

但爆炸焊接与其他爆破工程一样，因为是以炸药为能源，所以也存在有爆炸地震波、爆破毒气、爆破噪声等安全隐患。

173. 爆炸焊接要做哪些安全防护？

（1）地震波的安全防护。为了减少爆炸焊接中爆破震动对周围环境的危害，通常情况下，主要采取以下两种措施。

1）在爆炸焊接作业点挖一两米左右深的基坑，在基坑中填以松土和细沙，将基板置于松土和细沙之上。爆炸焊接时，基板向下运动的能量将有较大一部分被松土和细沙所吸收，使之不能向外传播；同时，松土和细沙对表面波的传播也不利，可以降低表面波的传播能量。

2）在距爆炸焊接施工点 20 m 的范围处挖设宽 1 m、深 2.5 m 左右的防震沟。为防止爆炸焊接时将沟震塌，可在沟中填以稻草、废旧泡沫塑料等低密度、高空隙率的物质。防震沟可截断一部分地震波，特别是表面波的传播通道，明显地降低爆破地震波对周围环境的影响。

（2）爆炸焊接毒气的安全防护。在不采取任何措施的情况下，爆炸焊接产生的灰尘和气体呈蘑菇状，可以冲起二三十米高，随风飘出一两千米。对爆炸焊接产生毒气的防护方法有：

1）采用混合均匀的零氧平衡炸药，使爆炸产生的有毒气体量降低到最少。

2）避免使用受潮的炸药，同时采用高能炸药（如 TNT、RDX 等）作起爆药柱，加强起爆能，确保炸药反应完全。

3）在爆炸焊接作业点安装自动喷雾洒水装置。在爆炸焊接完成的瞬间，立即进行喷雾洒水，能大大抑制爆炸毒气及灰尘的产生和扩散。

（3）爆炸焊接噪声的安全防护。爆炸焊接是裸露爆破，且用药量大而集中，故其防护比较困难，通常采用的防护措施有：

1）安排合理的作业时间，避免在早晨或深夜进行爆炸焊接作业，以减少扰民和大气效应所引起的噪声增加。

2）对因工作需要，不可能撤离爆炸点很远的现场工作人员，可戴耳塞或耳罩进行防护。

3）必要时，可挖设一深坑，将爆炸焊接装置置于坑中，装药完成后，用废旧胶带等将坑封口，胶带上覆盖以湿土或湿沙（注意土或沙中不能夹杂小石子）。

爆炸焊接作业地点通常都选在远离居民区的偏远地带，当考虑了噪声的影响后，一般不再重复考虑冲击波的效应。唯一应注意的是：起爆时，所有施工人员都应撤离到以冲击波安全距离所确定的警戒线之外，以免发生冲击波伤人事故。

另外，由于爆炸焊接时，炸药是裸露在空气中的，且与装药下表面接触的为金属复板，因此爆炸焊接中，一般不会产生飞石，但应注意，切忌用碎石或铁丝等堆积、缠绕在装药框周围，否则这些固体硬物可能飞出，造成伤人、毁物之恶果。

爆炸焊接作为一种特种焊接技术，其装药形式和一般土石方爆破有很大的区别，其爆破时对周围环境产生的危害也有自己的特点。若与土石方爆破相比较，则爆炸焊接的毒气、噪声、地震波危害较大而飞石危害较小。因此，在选择爆炸焊接作业点或进行爆炸焊接的安全性校核时，首先要用一次爆炸焊接的最大用药量对地震波、毒气、噪声进行计算，并与《爆破安全规程》国家标准的允许值相比较，必要时就需采取种种防护措施。

174. 爆炸焊接要注意哪些问题以确保操作安全？

爆炸焊使用的炸药和爆炸元件是危险品，若运输、储存和使用不当，发生爆炸就会造成人员和财产损失。

炸药品种繁多，性质各异，必须分类储存。一切爆炸用品严禁与氧化剂、酸、碱、盐类、易燃物、可燃物、金属粉末和铁器等同库储存。

敏感度高的起爆药和起爆器材不能与敏感度高的炸药和点火器同库储存。

安定性能变坏了的炸药及爆炸器材，严禁与合格品同库储存。

胶质炸药保管期一般不超过 8 个月，普通胶质炸药储存温度不得低于 15 ℃。耐冻胶质炸药不得低于其凝固点。仓库需防雷击，安装防爆式照明灯以防火。仓库场地选择和存放量应符合安全要求。

雷管、导爆索、炸药等禁止用拖车运输，运输车辆上应有规定的警戒标志，特别注意安全使用吊车等设备，运输和储存场地需防潮，严禁明火和吸烟。

爆炸品领取、加工须符合安全规定，以防发生爆炸和中毒事故。

安置炸药、接线、插入雷管和起爆只允许爆炸工人操作，其他人员退到安全区内。操作过程中要小心谨慎，药包不得受冲击，不得抛掷，在大雾、雷雨天禁止操作。

起爆前，起爆端导线保持短路，起爆电源开关设在安全区并锁闭。爆炸场所不能靠近电磁辐射源，以防引爆雷管。起爆前应发出信号，等全体人员退到安全区后方可引爆。爆炸后等待 3 min，按信号进入爆炸区。发现"瞎火"时应由专人去处理。

爆炸焊过程中的废药，未爆完的残余炸药、废雷管等，不得任意抛弃，必须在专门辟出的安全地点用爆炸法、烧毁法或熔剂破坏法等予以销毁。

此外，爆炸焊生产中通常使用低爆速的混合炸药，如铵盐和铵油炸药。前者由硝酸铵和一定比例的食盐组成，后者由硝酸铵和一定比例的柴油组成，仅用少量梯恩梯作为引爆炸药。硝酸铵是一种常见的化肥，非常稳定，它与食盐或柴油混合后，惰性更大。颗粒状硝酸铵和鳞片状梯恩梯可用球磨机破碎成粉末而不会爆炸，只有在梯恩梯等高爆速炸药的引爆下才能稳定爆炸。而梯恩梯炸药还得靠雷管来引爆。雷管中的高爆炸药只有在起爆器发生数百伏高电压下才会爆炸。

所以，在现场操作中，只要严格控制好雷管和起爆器，通常是不会出现严重安全事故的。

第六部分 特殊焊接作业安全知识

175. 燃料容器检修焊补作业人员应履行哪些安全职责?

（1）自觉做到持证上岗，严禁无证操作。

（2）个人防护用品穿戴齐全，并符合要求。

（3）严格遵守安全操作规程。

（4）遵守安全管理制度，执行安全技术措施，在易燃易爆区域进行焊割动火前，必须按规定办理动火手续。

（5）牢固树立"安全第一、预防为主"的思想。

（6）做到互相帮助、互相监护、互相监督及"三不伤害"（不伤害自己、不伤害他人以及不被他人伤害）。

（7）在遇有违章指挥或可能发生事故的情况时，应拒绝违章指挥，采取紧急有效措施，并按规定及时向有关部门报告。

（8）焊接与切割时精心操作，保证质量。

（9）爱护和正确使用焊接与切割设备、工器具和安全卫生防护设施。

（10）发生事故应立即报告，并如实反映情况。

176. 在特殊环境下焊接作业，具有哪些危险性?

在化工、石油、建筑、造船、沿海大陆架开发和海上打捞等工程中，需要在特殊的作业环境（如水下或高空）下进行焊接操作，如面对油罐、燃气管道等的检修焊补，具有易燃、易爆、易中毒等特殊的危险性，必须采取相应的措施，以确保焊接过程的安全。

177. 燃料容器检修焊补，会有哪些不安全因素？

燃料容器（桶、罐等）与管道因受腐蚀或因材料和工艺有缺欠，在生产运行中可能会产生穿孔和裂缝现象，急需焊补，往往任务急、时间紧，而且是在易燃、易爆、易中毒的情况下进行，有时甚至还要在高温、高压的情况下进行抢修焊补，稍有疏忽，就极易发生爆炸、火灾和中毒事故。在一些情况下这类事故往往可引起整座厂房或整个燃料供应系统的爆炸着火，后果极为严重。

◎ **事故案例**

某厂汽车队一个有裂缝的空汽油桶需进行补焊，焊工班提出未采取措施马上就焊补会有危险，但汽车队长说："这个桶是空的，没有危险。"结果在未采取任何安全措施，甚至连加油口的盖子也未打开的情况下就进行焊补。当一名工人用手扶着汽油桶，焊工刚施焊时，汽油桶便发生爆炸，两端圆板飞出，桶体炸成一块铁板，正在施焊的气焊工被炸身亡。

事故分析：车用汽油的爆炸极限一般为 0.89%～5.16%，爆炸下限非常低。尽管桶是空的，但油桶内壁的铁锈表面微孔吸附少量残油，桶内卷缝里有残油和油泥，挥发扩散的汽油蒸气很容易达到和超过爆炸下限，遇焊接火焰或电弧就会发生爆炸。加上能打开的孔洞盖子没有打开，爆炸时威力更大。此类操作是违章作业。

因此，焊补或切割密封容器时必须打开所有孔洞盖板，且必须清洗、置换，经用火分析合格并经批准后，方可施焊或切割。

178. 燃料容器、管道的焊补，常采用哪两种方法?

燃料容器、管道的焊补，目前主要有置换动火与带压不置换动火两种方法。

（1）置换动火是指在焊接动火前实行严格的惰性介质置换，将原有的可燃物排出，使设备管道内的可燃物含量达到安全要求，经确认不会形成爆炸性混合物后才动火焊补的方法。

（2）燃料容器的带压不置换动火，目前主要用于可燃液体和可燃气体容器管道的焊补。它要求严格控制氧的含量，使工作场所不能形成达到爆炸范围的混合气，在燃料容器或管道处于正压状态条件下进行焊补。通过对含氧量的控制，使可燃气体含量大大超过爆炸上限，然后让它以稳定不变的速度从设备或管道的裂缝处逸出，与周围空气形成一个燃烧系统。点燃可燃性气体，并以稳定的条件保持这个燃烧系统，控制气体在燃烧过程中不致发生爆炸。

◎ **相关知识**

什么叫置换？置换就是动火检修前，用水蒸气或氮气、二氧化碳等将设备、管道里的可燃性或有毒性气体彻底排除，这一方法叫置换。

179. 置换动火与带压不置换动火焊补作业，各有哪些利弊?

（1）置换动火焊补是人们从长期生产实践中总结出来的经验，它将爆炸的条件减到最少，是比较安全妥善的办法，在设备、管道的生产检修工作中一直被广泛采用。但是采用置换法时，设备或管道需暂停使用，需要用稀有气体或其他介质进行置换，置换过程中要不断取样分析，直至合格后才能动火；动火以后还要再置换。这样的方法手续多，置换作业耗费时间长，影响生产。此外，如系统设备管道中弯头死角多，往往不易置换干净而留下事故隐患。若置换不彻底，仍有发生爆炸的危险。

（2）带压不置换动火焊补，不需要置换原有的液体或气体，有时可以在不停产的情况下进行。只要有专人负责控制关键岗位气体中氧的含量和压力符合要求并保持稳定即可。它的手续少，作业时间短，有利于生产。但是它的应用有一定的局限性，只能在连续保持一定压力的情况下进行。

148

另外，带压不置换动火焊补方法只能在设备管道外动火，如果需要在设备管道内动火，仍必须采取置换作业法。

180. 燃料容器与管道的检修焊补，容易发生火灾爆炸事故的原因有哪些？

燃料容器与管道的检修焊补（包括采用置换动火与带压不置换动火两种方法），发生火灾爆炸事故的原因有以下几个方面。

（1）焊接动火前对容器内的可燃物置换不彻底，取样化验和检测数据不准确，取样化验检测部位不适当等，造成在容器管道内或动火点的周围存在着爆炸性混合物。

（2）在焊补操作过程中，动火条件发生了变化未引起及时注意。

（3）动火检修的容器未与生产系统隔绝，致使易燃气体或蒸气互相串通，进入动火区段；或一面动火，一面生产，互不联系，在放料排气时遇到火花。

（4）在尚具有燃烧和爆炸危险的车间、仓库等室内进行焊补检修。

（5）焊补未经安全处理或未开孔洞的密封容器。

◎**事故案例**

某厂减压装置正在检修，减压炉紧急放空管的一个阀门未加盲板，动火系统未与生产系统（有易燃易爆气体）完全隔绝，并且在未办理动火证的情况下，1 名焊工在减压塔底的抽出管上动火，可燃气体由紧急放空池沿放空管经过炉管后又窜入减压塔内，遇焊接明火塔内突然爆炸，一股气浪从 4、5、6 层人孔冲出，有 2 名工人被抛到 20 多米远的加热炉顶上，当场死亡，另有 7 名工人受伤，炸坏 14 层塔盘，装置开车推迟 10 天，伤亡惨重，损失巨大。

181. 置换动火焊补有哪些安全措施？

置换动火焊补具有较好的安全性，并有长期积累的丰富经验，所以一直被广泛应用。但是如果系统和设备的弯头、死角、分支多，往往不易置换干净而留下隐患。由于置换不彻底及其他因素，还是有发生爆炸的危险。为确保安全，必须采取以下安全技术措施，才能有效防止爆炸失火事故的发生。

（1）可靠隔离。燃料容器与管道停工后，通常是采用盲板将与之连接的出入管路截断，使焊补的容器管道与生产的部分完全隔离。为了有效防止爆炸事故的发生，盲板除必须保证严密不漏气外，还应保证能耐管路的工作压力，避免盲板受压破裂。

（2）严格控制可燃物含量。焊补前，通常采用蒸汽蒸煮并用置换介质吹净等方法将容器内部的可燃物质和有毒性物质置换排出。

（3）严格清洗。检修动火前，设备管道的里外都必须仔细清洗。有些可燃易爆介质被吸附在容器、管道内表面的积垢或外表面的保温材料中，由于温差和压力变化的影响，置换后也还能陆续散发出来，导致操作中气体成分发生变化，即动火条件发生变化而造成爆炸失火事故。

（4）空气分析和监视。在置换作业过程中和检修动火开始前半小时内，必须从容器内外的不同地点取混合气样品进行化验分析，检查合格后才可开始动火焊补。在动火过程中，还要用仪表监视。由于可能从保温材料中陆续散发出可燃气体或虽经清水或碱水清洗，但由于焊接的热量把容器内或桶底卷缝中的残油赶出来，可蒸发成可燃蒸气，所以焊补过程中需要继续用仪表监视，仪表监视可及时发现可燃气浓度的上升，达到危险浓度时，要立即暂停动火，再次清洗直到合格为止。

150

（5）增加泄压面积。动火焊补时应打开容器的人孔、手孔、清扫孔和放散管等。严禁焊补未开孔洞的密封容器。进入容器内采用气焊动火时，点燃和熄灭焊炬的操作均应在容器外部进行，防止过多的乙炔气聚集在容器内。

（6）安全组织措施。在检修动火前必须制订计划。计划中应包括进行检修动火作业的程序、安全措施和施工草图。施工前应与生产人员和救护人员联系并应通知厂内消防队；在工作地点周围 10 m 内应停止其他动火工作，并将易燃物品移到安全场所。弧焊机的二次回路线及气焊设备乙炔软管要远离易燃物，防止操作时因线路发生火花或乙炔软管漏气造成起火；检修动火前除应准备必要的材料、工具外，还必须准备好消防器材。在黑暗处所或夜间工作，应有足够的照明，并准备好带有防护罩的手提低压（12 V）行灯等。

182. 为保证焊补安全，如何进行置换作业？

在置换过程中要不断取样分析，严格控制容器内的可燃物含量，必须达到合格量，以保证符合安全要求，这是置换动火焊补防爆的关键。在可燃容器上焊补，操作者不进入容器内，其内部的可燃物含量不得超过爆炸下限的1/3，如果需进入容器内操作，除保证可燃物不得超过上述的含量外，由于置换后的容器内部是缺氧环境，所以还应保证含氧量为18%~21%，毒物含量应符合《工业企业设计卫生标准》的规定。

常用的置换介质有氮气、二氧化碳、水蒸气或水等。置换方法应考虑到被置换介质与置换介质之间的密度关系，当置换介质比被置换介质的密度大时，应由容器的最低点送进置换介质，由最高点向室外放散。以气体作为置换介质时，其需用量不能按经验以超过被置换介质容积的几倍来计算。因为某些被置换的可燃气体或蒸气具有滞留性质，在同置换气体密度相差不大时，还应注意到置换不彻底的可能性及两相间的互相混合现象。有些情况下必须采用加热气体介质来置换，才能把潜存在容器内部的易燃易爆混合气赶出来。因此，置换作业必须以气体成分化验分析达到合格为准。容器内部气体的取样部位应是具有代表性的部位，并应以动火前取得气体样品分析值是否合格为准。以水作为置换介质时，将容器灌满即可。

未经置换处理，或虽已置换但尚未分析化验气体成分是否合格的燃料容器，均不得随意动火焊补，否则易造成事故。

183. 置换动火焊补时，如何做到可靠隔离?

可靠隔离通常是采用盲板将与之连接的出入管路截断，使焊补的容器管道与生产的部分完全隔离。

另一种措施是在厂区或车间内划定固定动火区。凡可拆卸并有条件移动到固定动火区焊补的物件，必须移动到固定动火区内进行，从而尽可能减少在防爆车间和厂房内的动火工作。固定动火区必须符合以下防火与防爆要求。

（1）无可燃物管道和设备，并且周围距易燃易爆设备管道 10 m 以上。

（2）室内的固定动火区与防爆的生产现场要隔开，不能有门窗、地沟等串通。

（3）在正常放空或一旦发生事故时，可燃气体或蒸气不能扩散到固定动火区。

（4）要常备足够数量的灭火工具和设备。

（5）固定动火区内禁止使用各种易燃物质，如易挥发的清洗油、汽油等。

（6）周围要划定界线，并有"动火区"字样的安全标志。

在未采取可靠的安全隔离措施前，不得动火焊补检修。

184. 检修动火前，如何清洗设备管道？

油类容器、管道的清洗，可以用每千克火碱（氢氧化钠）加入 80~120 g 的清水清洗几遍，或通入水蒸气煮沸，再用清水洗涤。采用火碱清洗时，应先在容器中加入所需数量的清水，然后以定量的碱片分批逐渐加入，同时缓慢搅动，待全部碱片均加入并溶解后，方可通入水蒸气煮沸。必须注意通入水蒸气铁管的末端应伸至液体的底部，以防通入水蒸气后有碱液泡沫溅出。这项操作不得先将碱片预放在设备管道内，然后再加入清水，尤其是热水，因为碱片溶解时，会产生大量的热，碱液容易涌出设备管道外，往往造成操作者受伤。对有些油类容器如汽油桶，可以直接用蒸汽流吹洗，2 000 L 以内的汽油容器的吹洗时间不得少于 2 h。没有蒸汽源时，对容器小的汽油桶可以用水煮沸的方法清洗，即注入相当于汽油桶容量 80%~90%的水，然后煮开 3 h。

酸性容器器壁上的污物和残酸可用木质、黄铜（含铜，70%以下）、铝质的刀或刷、钩等简单工具，用手工刮除。

装盛其他介质的设备管道的清洗，可以根据积垢的性质，使用酸性或碱性溶液。例如，清除铁锈等，用浓度为 8%～15% 的硫酸比较合适，硫酸能使各种形式的铁锈都转变为硫酸亚铁。

为了提高清洗工作的效率和减轻体力劳动，可以采用水力机械、风动和电动机械以及喷丸等清洗除垢法。

185. 带压不置换动火焊补有哪些安全措施?

（1）严格控制氧含量。带压动火焊补前，必须分析容器内气体的成分，以保证其中氧的含量不超过安全值。所谓安全值就是在混合气中，当氧的含量低于某一极限值时（极限含氧量以不超过 1% 作为安全值），不会形成达到爆炸极限的混合气，也就不会发生爆炸。

在动火前和整个焊补操作过程中，都要始终稳定控制系统中含氧量低于安全数值。这就要求生产负荷要平衡，前后工段要加强统一调度，关键岗位要有专人把关。要加强气体成分分析（可安置氧气自动分析仪），发现系统中氧含量增高时，应尽快找出原因及时排除。氧含量超过安全值时应立即停止焊接。

（2）正压操作。焊补前和整个操作过程中，设备、管道必须连续保持稳定的正压。这是带压不置换动火安全的关键。一旦出现负压，空气进入动火的设备或管道，就会发生爆炸。

压力大小的选择，一般以不猛烈喷火为宜。压力太大，气体流量、流速也大，喷出的火焰很大、很猛，焊条熔滴容易被气流冲走，给焊接操作造成困难。压力太小，易造成压力波动，使空气漏入设备或管道，形成爆炸性混合气体。

因此，在选择压力时，要有一个较大的安全系数，一般可控制在 1 470~4 900 Pa。在这个范围内，根据设备管道损坏的程度和容器本身可能降低的压力等情况，以喷火不猛烈为原则，具体选定压力大小。但是，绝对不允许在负压下焊接。

压力一般用 U 型压力计显示。压力计接在被焊接的设备取样管上，要随时监视。

（3）严格控制动火点周围可燃气体的含量。在室内或室外进行容器的带压不置换动火焊补时，还必须分析动火点周围滞留空间的可燃物含量，以小于爆炸下限的 1/4~1/3 为合格。取样部位应考虑到可燃气体的性质（如密度、挥发性）和厂房建筑的特点等正确选择。应注意检测数据的准确性和可靠性，确认安全可靠时再动火焊补。

186. 带压不置换动火焊补操作时，有哪些安全要求？

（1）焊接前要引燃从裂缝逸出的可燃气体，形成一个稳定的燃烧系统；在引燃和动火操作时，焊工不可正对动火点，以免出现压力突增，火焰急剧喷出烧伤施工人员的特殊情况。

（2）焊机电流的大小要预先调节好，特别是压力在 0.1 MPa 以上和钢板较薄的设备，焊接电流过大容易熔穿金属，在压力下会产生更大的孔。这种情况下最好使用直流焊机，其他一般使用交流焊机即可。

（3）遇到动火条件有变化，如系统内压力急剧下降到所规定的限度或氧含量超过允许值等情况，要马上停止动火。查明原因，采取相应对策后，方可继续进行焊补。

（4）焊接操作中如果着火，应立即采取消防措施。在火未熄灭前，不得切断可燃气来源，也不得降低或消除系统的压力，以防设备管道吸入空气形成爆炸性混合气体。

（5）补焊前要先弄清补焊部位的情况，如穿孔裂缝的位置、形状、大小及补焊的范围等。穿孔裂缝较小，可先做些小铁钉，打入小孔后再焊补。穿孔裂缝较大，要预先做好覆盖在上面的钢板。钢板尽量和容器的表面贴紧，钢板的厚度要尽量和被焊补设备的厚度一致，以免焊接时与本体变形不一致，造成焊接困难。另外，为了便于使用，钢板上可预先焊一个手把。遇到特别难焊的地方，可先做一个如图 6-1 所示带阀门的喇叭口形的管座，焊前紧紧贴盖在难焊点部位上。把管座的阀门打开，让可燃气体从小管口引出并点燃，然后将管座边沿与设备焊接上，焊后即关闭阀门。

155

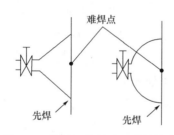

图 6-1　带阀门的喇叭口形的管座

遇到较长的条形裂缝，可用手摇钻（在钻头上涂些润滑油，防止产生火花）在裂缝边缘的两端各钻一个止裂孔，以抑制裂缝的伸长。然后用一些钢条或铅条、石棉绳等物将裂缝塞住，也可用铜棒将裂缝砸严。对于很微小的孔眼可用锤子砸实，或用较长电弧烧烤一下，利用热膨胀使裂缝暂时合拢后进行补焊。

187. 带压不置换动火焊补，如何做好安全管理？

除了与置换动火的安全组织措施相同外，尚需注意以下几点。

（1）防护器材的准备。现场要准备几套（视具体情况而定）长管式防毒面具。由于带压焊接在可燃气体未点燃前，会有大量超过允许浓度的有害气体逸出，施工人员戴上防毒面具，是确保人身安全的重要措施。还需准备必要的灭火器材，最好是二氧化碳灭火器。

（2）必须做好严密的组织工作。要有专人进行严密、认真的统一指挥。值班调度、有关工段的负责人和操作工要在现场参加工作。特别是在控制压力和氧含量的岗位上要有专人负责。

（3）焊工要有较高的技术水平。焊接要均匀、迅速，电流和焊条的选择要适宜。由于焊接是在带压、喷火焰的条件下进行，特别是一般要补焊的部位钢板都比较薄，这与焊接难度大的工件需要较高的焊接技术的道理一样。因此，焊工还要预先经过专门培养和训练，不允许不懂或技术差、经验少的焊工带压焊接。

（4）燃料容器的带压不置换动火是一项新技术，爆炸因素比置换动火时变化多，稍不注意就会给财产和人身安全带来严重后果。操作时控制系统压力和氧含量的岗位以及化验分析等要有专人负责，消防部门应密切配合，焊工不得擅自进行带压焊补操作。

188. 如何处理因膨胀圈失效而导致的漏煤气事故？

膨胀圈失效导致漏煤气时，要根据具体情况采取不同措施。对于泄漏煤气量较小的情况，可直接顶压焊接；如果泄漏煤气情况较严重，可用保护套将膨胀圈包上后再进行焊接，保护套上部应设放气头。焊接能保证一段时间膨胀圈不泄漏煤气，一旦有设备大修，一定要更换新的膨胀圈。在处理漏煤气事故的过程中，作业人员一定要佩戴防护面具并应设专人进行监护。

189. 水下焊接与切割为什么具有一定的危险性？

水下焊接与切割的热源目前主要采用电弧的热量（如水下电弧

焊接、电弧熔割、电弧氧气切割等）、可燃气体与氧气的燃烧热量（如水下氧氢焰气割）。这些可燃易爆气体和操作使用的焊接电流会给操作者带来诸多不安全性，并且水下操作的条件也很特殊，危险性会更大，因此，就需要特别强调以下的安全问题。

（1）爆炸。被焊、割构件存在有化学危险品、弹药等，焊、割未经安全处理的燃料容器与管道，焊、割过程中形成爆炸性混合气等会引起爆炸事故。

（2）灼烫。炽热金属熔滴或回火易造成的烧伤、烫伤，烧坏供气管、潜水服等潜水装具易造成潜水病或窒息。

（3）电击。由于绝缘损坏漏电或直接触及电极等带电体可引起触电，触电痉挛可引起溺水二次事故。

（4）物体打击。水下结构物件的倒塌坠落，导致挤伤、压伤、碰伤和砸伤等机械伤亡事故。

（5）其他。作业环境的不安全因素如风浪等引起溺水事故等。

190. 水下焊接与切割准备工作有哪些安全要求？

焊（割）炬在使用前应做绝缘、水密性和工艺性能的检查，需先在水面进行试验。氧气软管使用前应当用 1.5 倍工作压力的蒸汽或水进行清洗，软管的内外不得黏附油脂。供电电缆必须检验绝缘性能。热切割的供气软管和电缆每隔 0.5 m 间距应捆扎牢固。

水下焊割前查明作业区的周围环境，调查了解作业水深、水文、气象和被焊割物件的结构等情况。必须强调，应当让潜水焊割工有一个合适的工作位置，禁止在悬浮状态下进行操作。潜水焊割工可停留在构件上工作，或事先安装设置操作平台，从而使操作时不必为保持自身处于平衡状态而分神。否则，某种事故的征兆可能引起潜水焊割工仓促行动，而造成身体触及带电体，或误使割枪、电极（电焊条）触及头盔等事故。

潜水焊割工应备有话筒，以便随时同水面上的支持人员取得联系。不允许在没有任何通信联络的情况下进行水下焊割作业。潜水焊割工入水后，在其作业点的水面上，半径相当于水深的区域内，禁止其他作业同时进行。

在水下焊割开始操作前，应仔细检查整理供气软管、电缆、设备、工具和信号绳等，在任何情况下，都不得使这些装具和焊割工本身处于熔渣溅落和流动的路线上。水下焊割工应当移去操作点周围的障碍物，将自身置于有利的安全位置上，然后向支持人员报告，取得同意后方可开始操作。

水下焊割作业点处的水流速度超过 0.3 m/s，水面风力超过 6 级时，禁止水下焊割作业。

191. 水下焊接与切割应采取哪些预防爆炸的安全措施?

水下焊割工作前，必须清除被焊割结构内部的可燃易爆物质，这类物质即使在水下已若干年，遇明火或熔融金属也会一触即发，引起爆炸。

水下气割是利用氢气或石油气与氧气的燃烧火焰进行的，水下气割操作中燃烧剂的含量比，一般很难调整合适，所以往往有未完全燃烧的剩余气体逸出水面，遇阻碍则会积留在金属结构内，形成达到爆炸极限浓度的气穴。因此，开始水下焊割工作时应慎重考虑切割部位，以避免未燃气穴的形成。最好先从距离水面最近点着手，然后逐渐加大深度。对各类割缝来说，凡是在水下进行立位气割时，即无论气体的上升是否有阻碍物，都应从上向下进行切割。这样可以避免火焰经过未燃气体可停留聚集处，减少燃爆的危险。水面支持人员和水下焊割工在任何时候都要注意，防止液体和气体燃料的泄漏在水面聚集，引起水面着火。

进行密闭容器、储油罐、油管和储气罐等水下焊割工程时，必须预先按照燃料容器焊补的安全要求采取技术措施（包括置换、取样分析化验等）后，方可焊割。禁止在无安全保障的情况下进行这类作业。切割无油密闭容器时应先开防爆洞。在任何情况下都禁止利用油管、船体、缆索或海水等作为弧焊机回路的导电体。

192. 水下焊接与切割如何预防灼烫?

焊割作业过程中有白炽熔化金属滴落，这种熔滴可溅落相当长的距离（约 1 m）。虽然有水的冷却，但由于它具有相当的体积和很高的温度，一旦落进潜水服的折叠处或供气软管上就可能造成设备的烧穿损坏。此外，有可能把操作时裸露的手和脸部烧伤。对此类危险，应有所警惕。

与普通割炬相比，水下切割炬火焰明显加大，以弥补切割部位消耗于水介质中的大量热量，焊接电极端头也具有很高温度，因此，潜水焊割工必须格外小心，避免由于自身活动的不稳定而使潜水服或头盔被火焰或炽热电极灼烧。在任何情况下都不允许将割炬、割枪或电极对准自身和潜水装具。

割炬的点火器可在水面点燃带入水下作业点，也可带点火器到水下点火。由于潜水焊割工到达作业区需要一段下潜时间，并且往往不得不在船体或结构缺口中曲折行动，如在水面点火可能有被火焰烧伤或烧坏潜水装具的危险。因此，除得到特殊许可外，潜水焊割工不得携带点燃的切割炬下水。即使特殊需要，亦应注意，割炬点燃后要垂直携入水下，并应特别留意割炬位置与喷口方向，以免在潜水过程和越过障碍时，烧坏潜水服。

潜水焊割工应避免在自己的头顶上进行焊割作业，仰焊和仰割操作容易被坠落的金属熔滴灼伤及烧坏潜水装具。

另一种危险是气割时发生回火。回火常发生于点燃割炬、变换空瓶（氧气瓶和可燃气瓶）和气割工"下跌"时，后两种情况都会造成燃烧混合气压力与切割炬承受的水柱静压力间失去平衡。更换空瓶时气体压力短时间内的下降，焊割工带着割炬的"下跌"能导致水压超过气压，迫使火焰返回割炬，造成回火。回火往往导致气体软管着火，根据割炬软管与潜水服和供气管的相对位置，也可能导致烧坏潜水服或供气管，还可造成潜水焊割工手部被烧伤和烫伤。

必须强调指出，潜水焊割工应当细心谨慎地保护好供气管和潜水服不被烧坏。供气管的损坏将引起迅速漏气，供呼吸用的氧气的浓度降低，焊割工将在二氧化碳气体越来越浓的情况下呼吸，造成因呼吸条件失常所引起的疲劳和呼吸困难而被迫出水的情况。此时焊割工如果违反潜水规则而快速上升出水，压力的骤然变化会引起血管栓塞症，如果按潜水规则上升，又可能引起二氧化碳窒息中毒。潜水服烧坏也会造成同样的后果。

为了防止烟火可能造成的危害，除了在供气总管处安装回火防止器外，还应在割炬柄与供气管之间安装防爆阀。防爆阀由逆止阀和火焰消除器组成。前者阻止可燃气的回流，以免在软管内形成爆炸性混合气，后者能防止一旦火焰流过逆止阀时引燃管中的可燃气。火焰消除器通常由几层细孔金属网组成，用于氢气、乙炔和石油气等可燃气体的火焰消除器，其网孔最大直径为 0.1~0.2 mm。此外，更换空瓶时如不能保持压力不变，应将割炬熄灭，待换好后再点燃，避免发生回火。

193. 水下焊接与切割如何预防触电？

水下电弧的点燃（包括起弧和维持），取决于两极间足够的电压。电弧刚一形成，周围的水便蒸发，产生空腔或气泡。由于水的冷却和压力，水下引弧所需的电压较水上高些。从操作安全角度考虑，水下焊接电源必须采用直流电，禁止使用交流电。

水下焊接设备和电源应具有良好的绝缘和防水性能，绝缘电阻不得小于 1 MΩ，应具有抗盐雾、抗大气腐蚀和抗海水腐蚀的性能。所有壳体应有水密保护，所有触点及接头都应进行抗腐蚀处理。潜水焊割工在水下直接接触的焊接设备和工具，都必须包敷可靠的绝缘护套，并应保证水密性。弧焊机必须接地，接地导线头要磨光，以防被腐蚀。

在焊接或切割中，经常需要更换焊条。在水下更换焊条是危险的操作，容易造成触电事故。潜水焊割工可能会遭电击而休克，或由于痉挛造成溺水等二次事故。因此，当电极熔化完需要更新或工作完毕时，必须先发出拉闸信号，确认电路已经切断，才可去掉残余的电极头。

水下湿法焊接与切割的电路中应安装焊接专用的自动开关箱，水下干法或局部干法焊接电路控制系统中应安装事故报警系统和断电系统。

电极应彻底绝缘和防水，以保证电接触仅仅在形成电弧的地方出现。潜水焊割工进行水下焊割作业时必须戴干燥的绝缘手套或穿戴干式潜水服。进行焊割工作时，电流一旦接通，切勿背向工件的接地点，把自身置于工作点与接地点之间，而应面向接地点，把工作点置于自身与接地点之间，这样才可避免潜水盔与金属用具受到电解作用而损坏。水下焊割工作时必须注意，不得把手放在待焊割的工件上，同时又将焊条或电焊把手触及头盔。总之，在任何时候都要注意不可使自身成为电路。

194. 水下焊接与切割如何预防物体打击？

进行水下焊割作业时，应了解被焊割构件有无塌落危险。水下进行装配定位焊时，必须查实定位焊牢固而无塌落危险后，方可通知水面松开安装吊索。焊接临时吊耳和拉板，应采用与被焊构件相同或焊接性能相似的材料，并运用相应的焊接工艺，确保焊接质量。

水下切割，尤其是水下仰割或反手切割操作时，当被割工件或结构将要割断时，潜水焊割工应给自身留出足够的避让位置，并且通知友邻及在其底下操作的潜水员避让后，才能最后割断构件。潜水焊割工在任何时候都要警惕避免被焊割构件的坠落或倒塌压伤自身及压坏潜水装置、供气管等。

使用等离子弧进行水下切割，以上安全经验也完全适用。

195. 登高焊割作业有哪些安全要求？

焊工在离地面 2 m 以上的地点进行焊接与切割操作，称为登高焊割作业。

登高焊割作业必须采取安全措施防止发生高处坠落、火灾、电击和物体打击等工伤事故。

在登高接近高压线或裸导线排，或距离低压线小于 2.5 m 时，必须停电并经检查确认无触电危险后，方准操作。电源切断后，应在开关上挂以"有人工作，严禁合闸"的警告牌。

登高焊割作业应设有监护人，密切注意焊工的动态。采用电弧焊时，电源开关应设在监护人近旁，遇有危险征象时立即拉闸，并进行处理。登高作业时不得使用带有高频振荡器的焊机，以防万一触电，失足摔落。严禁将焊接电缆缠绕在身上，以防绝缘损坏的电缆造成触电事故。

凡登高进行焊割操作和进入登高作业区域，必须戴好安全帽，使用标准的防火安全带、穿胶底鞋。安全带应紧固牢靠，安全绳长度不可超过2 m，不得使用耐热性差的材料，如尼龙安全带等。

焊工登高作业时，应使用符合安全要求的梯子。梯脚需包橡皮防滑，与地面夹角应不大于60°，上下端均应放置牢靠。使用人字梯时应将单梯用限跨铁钩挂住，使用夹角为35°~40°。不准两人在同一梯子上（或人字梯的同一侧）同时作业，不得在梯子上顶面工作。登高焊割作业的脚手板应事先经过检查，不得使用有腐蚀或机械损伤的木板或铁木混合板。脚手板单行人行道宽度不得小于0.6 m，双行人行道宽度不得小于1.2 m，上下坡度不得大于1:3，板面要钉防滑条并装扶手。使用安全网时要拉紧，不得留缺口，而且层层翻高。应经常检查安全网的质量，发现有损坏时，必须废弃并重新拉紧新的安全网。

登高作业的焊条、工具和小零件等必须装在牢固、无孔洞的工具袋内，工作过程及工作结束后，应随时将作业点周围的一切物件清理干净，防止落下伤人。可采用绳子吊运各种工具及材料，但大型零件和材料，应用起重工具设备吊运。不得在空中投掷材料或物件，焊条头不得随意下扔，否则不仅会砸伤、烫伤地面人员，甚至能引燃地面可燃物品。

登高焊割作业点周围及下方地面上火星所及的范围内，应彻底清除可燃易爆物品。一般在地面10 m之内应用栏杆挡隔。工作过程中需有专人看火，要铺设接火盘接火。焊割结束后必须检查是否留下火种，确认合格后，才能离开现场。

登高焊割人员必须经过健康检查合格。患有高血压、心脏病、精神病和癫痫病等，以及医生证明不能登高作业者一律不准登高操作。

在6级以上的大风、雨天、大雪和雾天等条件下禁止登高焊割作业。

196. 焊工登高作业时，要熟知哪些安全规定？

焊工登高作业应严格执行登高作业安全规定，做到"四个必有""六个不准""十不登高"。

（1）四个必有

1）有洞必有盖。

2）有边必有栏。

3）洞、边无盖无栏必有网。

4）电梯门必有门联锁。

（2）六个不准

1）不准往下乱抛物件。

2）不准背向下扶梯。

3）不准穿凉鞋、拖鞋、高跟鞋。

4）不准嬉戏打闹、睡觉。

5）不准身体倚靠临时扶手或栏杆。

6）不准在安全带未挂牢或低挂高用时作业。

（3）十不登高

1）患有禁忌证者不登高。

2）未办理高处作业许可证或未经审批的不登高。

3）未戴好安全帽、未系安全带者不登高。

4）脚手板、跳板、梯子不符合安全要求不登高。

5）攀爬脚手架、设备不登高。

6）穿易滑鞋、携带笨重物体不登高。

7）石棉、玻璃钢瓦上无垫脚板不登高。

8）高压线旁无可靠隔离安全措施不登高。

9）酒后不登高。

10）照明不足不登高。

◎**事故案例**

由于生产任务紧，人手不够，某基建科副科长未佩戴安全带，也未采取其他安全措施，便攀上屋架，他本不是焊工而代替焊工进行车间屋顶桁架角钢的焊接。开始时有人帮助扶持待焊角钢，大约一小时后，在没有人帮忙的情况下他独立操作。因为没有助手，他用左手扶着待焊钢筋，右手拿着焊钳，闭着眼睛操作。他先把钢筋的一端点固定，左手扶着已点固定一端的钢筋，侧身去焊接钢筋的另一端。由于焊接技术不过关，他左手扶着的钢筋固定不牢，支持不住人体的重量突然脱焊，他与钢筋一起从 12.4 m 高的屋架上跌落下来，头部受重伤，当即死亡。

第七部分 焊接安全防护知识

197. 电弧焊对人体会产生哪些有害因素?

电弧焊所采用的各种焊接方法都会产生某些有害因素。不同的焊接工艺,其有害因素亦有所不同,大体有弧光辐射、烟尘、有毒气体、热辐射、高频电磁场、射线和噪声七类。按性质可分为物理因素(弧光辐射、噪声、高频电磁场、热辐射、射线等)和化学因素(烟尘、有毒气体等)。

198. 焊接中的职业卫生问题有哪些特点?

焊接职业卫生的主要研究对象是熔化焊劳动保护,其中明弧焊问题最大,埋弧焊、电渣焊的问题最少。

焊条电弧焊、碳弧气刨和二氧化碳气体保护焊等的主要有害因素是焊接过程中产生的烟尘——电弧烟尘。特别是焊条电弧焊和碳弧气刨,如果长期在空间狭小的环境里(如锅炉、船舱、密闭容器和管道等)操作,劳动保护不利,会对呼吸系统等造成危害,严重时可诱发电焊尘肺。

有毒气体是二氧化碳气体保护焊和等离子弧焊的一种主要有害因素,浓度比较高时会引起中毒症状。电弧高温和弧光辐射作用于空气中的氧和氮可产生臭氧和氮氧化物。

弧光辐射是所有明弧焊共同具有的有害因素，由此引起的电光性眼病是明弧焊的一种特殊职业病。弧光辐射还会伤害皮肤，使焊工患皮炎、红斑和小水疱等皮肤疾病。此外，还会损坏棉织纤维。

非熔化极氩弧焊和等离子弧焊，由于焊机设置高频振荡器帮助引弧，所以存在有害的高频电磁场。长时间处于高频电磁场会使焊工患神经系统和血液的病症。

由于使用钍钨极，钍是放射性物质，所以存在射线辐射（α、β和γ射线），在钍钨极储存和磨尖的砂轮机周围，有可能造成放射性危害。

等离子弧焊接中喷涂和切割时，产生强烈噪声。防护不好，可损伤焊工的听觉神经。

有色金属气焊时，熔融金属蒸发于空气中形成的氧化物烟尘和来自焊剂的毒性气体，也时刻危害焊工的健康。

各种焊接工艺方法在施焊过程中，单一有害因素存在的可能性很小，除了各自不同的主要有害因素外，上述若干其他有害因素还会同时存在。必须指出，同时有几种有害因素存在，对人体的毒性作用倍增。这是对某些看来并不超过卫生标准规定的有害因素，亦应采取必要的卫生防护措施的缘故。

◎**事故案例**

某厂两名焊工从事等离子焊接作业，在一段时间里，觉得精神倦怠、胸闷、咳嗽、头痛，多日嗓子不舒服，时常出现流鼻血。经医生检查后，发现两名焊工血液中的白细胞大量减少，已低于健康标准。

原来这两名焊工已连续从事等离子焊接达6个月，作业场所狭窄，且无排烟吸尘装置。焊枪外表、面罩及附近墙壁已被浓烟熏变了颜色。作业场所空气不畅通，未采用排烟吸尘装置，使空气中的氮氧化物、臭氧及烟尘等聚积，浓度增高，工人长期在这种环境中操作，造成积累性慢性中毒。

199. 焊条电弧焊时产生紫外线的波长有哪几种？哪一种波长最易引起电光性眼炎？

焊条电弧焊时，电弧温度高达 3 000 ℃以上，在这种温度下将产生大量紫外线。紫外线可分为长波、中波和短波三部分。长波波长为 320~400 nm（1 nm = 10^{-9} m），中、短波波长为 180~320 nm。长波紫外线对全身生物学作用，以及对眼睛的影响都比较弱，仅在某种程度上对结膜及水晶体有些作用。中、短波紫外线，主要被角膜、房水和水晶体所吸收，波长 250~320 nm 的紫外线在结膜和角膜上起反应，特别是 265~280 nm 的紫外线，可大量被角膜与结膜上皮所吸收，使组织分子改变其运动状态，从而产生急性的角膜、结膜炎，这种由电弧焊弧光反射的紫外线所引起的角膜、结膜炎，就称为电光性眼炎。

200. 焊接电光性眼炎主要在哪几种情况下容易发生？

进行焊条电弧焊接操作时，为了防止强烈弧光和高温对眼睛和面部的伤害，都应戴上配有特殊护目玻璃的防护面罩或专用护板。在以下几种情况下常发生电光性眼炎。

（1）初学焊接者由于技术不熟练而违反操作规程，当点燃电弧时还未戴好防护面罩，在熄灭电弧前过早揭开面罩，或在操作过程中窥视焊缝而受到弧光直接照射。

（2）辅助工在辅助焊接时未戴防护眼镜或不必要地注视弧光而受到不同程度的损害。

（3）无关人员通过焊接场地，受到临近光的突然强烈照射。

（4）同一场地内几部焊机联合作业，且距离太近，中间又缺少防护屏，弧光四射。

（5）工作场所照明不足，看不清焊缝，以致有先点火后戴面罩的情况。

（6）在狭小容器内焊接时，弧光通过容器内壁的反射，造成对操作人员的间接照射。

（7）防护面罩的镜片破裂而漏光。

201. 受到焊接电光性眼炎的损伤，对人体有何危害？

一般来说，电光性眼炎的损伤程度与照射时间和电流强度成正比，与照射源的距离平方成反比。例如，距离 2 m，受弧光照射 20 s，即可发生电光性眼炎；如果距离 15 m，则 17 min 可发病。另外也与弧光的投射角度有关。弧光与角膜成直角照射时的作用最大；反之，角度越偏斜，作用也就越小。

电光性眼炎发病有一段潜伏期。一般在受到紫外线照射后 6~8 h 发病，如果照射量过大，可短至 30 min 后即发病。但潜伏期最长不超过 24 h。

电光性眼炎恢复后，一般无后遗症，但少数可并发角膜溃疡、角膜浸润以及角膜遗留色素沉着。

轻症早期仅有眼部异物感和不适。重症则有眼部烧灼感和剧痛、羞明、流泪、眼睑痉挛、视物模糊不清，有时伴有鼻塞、流涕症状。检查可发现眼睑充血水肿、球结膜混合充血、水肿、瞳孔痉挛性缩小、眼睑和四周皮肤呈红色，可有水疱形成。角膜上皮有点状或片状剥脱。荧光素染色后可见角膜有弥漫性点状着色。

轻症患者，大部分症状 12~18 h 后可自行消退，1~2 天内即可恢复。重症患者，病情持续时间较久，可长达 3~5 天。

屡次重复照射，可引起慢性睑缘炎和结膜炎，甚至产生类似结节状角膜炎的角膜变性，使视力明显下降。个别情况还可影响视网膜。短暂而重复的紫外线照射，可产生累积作用，其结果与一次较久的照射并无本质的差异。

202. 患焊接急性电光性眼炎如何治疗？

急性期治疗应卧床闭目休息，并戴墨镜，以避免光线对眼睛的刺激。可用 0.5% 丁卡因眼药水滴双眼，以止痛和减轻痉挛，每隔 3~5 min 一次，共滴 3~4 次；滴后要闭眼，以免角膜暴露干燥。严重者可用 0.5% 丁卡因眼药膏。此药膏不宜过多使用，不痛时应即时停用。不要用散瞳药物。为减轻炎症反应，可采用 0.5% 考地松眼药水滴眼，每 4 h 一次。也可用新霉素或红霉素眼药水滴眼，防止继发感染。

采用新鲜人乳或牛乳滴眼，或用凉豆腐敷眼也能收到很好的效果。还可采用针灸疗法，一般选用的穴位有眼明、四白、合谷、印堂、太阳等，留针 15~30 min 止痛效果明显。

203. 焊接时产生的焊接烟气的主要成分有哪些？

在焊条电弧焊焊接过程中，除了产生大量烟尘外，还同时逸散出大量烟气，其主要成分为氧化的金属气体，如二氧化锰、氧化铁、氧化铬等，高温下产生的氟化氢气体，以及由于伴随的碳元素燃烧和在强烈的紫外线照射下产生的一氧化碳、氮氧化物和臭氧等气体。

204. 焊条药皮中的锰如何产生锰蒸气和烟尘？

各种焊接材料和焊条中均含有数量不等的锰。一般焊芯中的含锰量很低，只有 0.3%～0.6%。个别焊条，如用于焊接破碎机、拖拉机履带和矿山机械的铁铝锰合金焊条，其焊芯含锰量可高达 23% 以上。

在焊条的药皮中，锰是必有的成分，含量 2%～40% 不等，药皮含锰量高的焊条，主要用于焊接耐磨蚀的机械零件。锰的作用在于脱氧和改善机械性能。

焊接时，焊条药皮中的锰，5%～7% 熔于焊缝中，85% 以上成为焊渣，其余不到 10%，经高温电弧热解作用，通过直接氧化和置换反应的氧化作用，成为锰蒸气（主要为氧化亚锰的气溶胶）进而凝聚成为锰的烟尘。

焊接时，锰的烟气和烟尘主要来自焊条，而与焊材（母材）的含锰量不成正比。

171

205. 焊条电弧焊时，为什么会发生锰中毒？

焊条电弧焊时，由于高温电弧的热解作用，焊条和焊材均发生熔化，通过直接氧化和置换反应的氧化作用，在焊接烟尘中会含有大量锰的气溶胶，以及锰的粉尘。这种锰的烟尘分散度大，烟尘的直径微小，便于迅速扩散。因此，在露天或在通风良好的场所进行焊接时，不致形成高浓度，而在通风不良的场所，如船舱、锅炉或罐内进行焊接操作时，如缺乏相应的防护措施，由于烟尘不易降落，而长期吸入锰的烟尘，会发生锰中毒。

电弧焊锰中毒是个慢性过程。发病很慢，起病隐袭，可在接触锰后 3～5 年，甚至长达 10 余年才逐渐发病。这与劳动条件及焊工本人体质的敏感性有一定关系。

◎ 事故案例

某单位焊工马某从事焊接作业 25 年，长期在通风不良的狭小空间里作业，使用低氢型碱性焊条焊接，吸入超过规定浓度锰的粉尘以及臭氧、氮氧化物等有害气体。后经诊断，该焊工为一期焊工尘肺。

206. 如何诊断和治疗焊工锰中毒？

焊工锰中毒的诊断，首先应仔细了解职业史和劳动条件，如所采用的焊接材料的品种，特别是使用的焊条品种和数量，从事焊接操作的年限，空气中锰的浓度和防护情况。然后结合临床特点进行综合分析，做出诊断。临床症状中肌张力增高是锰中毒重要的指标，也是确定诊断的有力依据。但早期患者缺乏这种改变，或者不太明显，此时可给予患者上下肢一定的负荷，如上下楼梯或上肢做上举动作 1~2 min 后再进行肌张力检查，有时可获得阳性发现。目前早期诊断尚缺乏灵敏的客观指标，血、尿、粪便中锰含量变动范围较大，并且和病情无平行关系，所以不能作为诊断的主要依据。若临床症状中无肯定的肌张力改变，仅有神经衰弱症候群的表现，一般尚不能做锰中毒的诊断，可定期观察。部分患者的脑电图可出现异常改变（α 波率减少，波幅偏低，出现慢波），脑血流图的波幅低平，对诊断有参考价值。

锰中毒的诊断确定后，焊工应立即调离焊接作业。可使用依地酸二钠钙，起排锰作用，经治疗，可使部分轻度中毒病人的症状得到改善。有神经衰弱症候者和自主神经功能紊乱者，可服用谷维素、利眠宁等药物。肌张力增高时可口服安坦。此外，如新针、电针和头皮针、理疗等对改善神经症状和肌肉僵硬也有一定效果，可以选用。神经营养药物，如谷氨酸、脑磷脂、三磷酸胞苷二钠（CTP）等也可服用。维生素 B1 能促使锰在体内储留，故不宜长期大量服用。

207. 近年来焊工锰中毒减少的原因是什么?

根据国内外资料,专家们认为焊接是发生锰中毒的一个重要行业,特别是使用高锰焊条时,发生锰中毒的较多。但据近年来国内一些单位的调查,锰中毒的发病率已显著下降。这一方面是由于积极开展了焊接安全预防工作,另一方面是由于近几年来高锰焊条(如含锰量高达40%的"锰铁型"焊条)已趋淘汰。目前所使用焊条的含锰量,酸性型为10%~18%,碱性型为6%~8%,因而焊接烟尘中的含锰量有较明显的下降。

173

208. 以常用的"E5015"和"E4303"型焊条为例,碱性和酸性焊条哪种发尘量高?

碱性焊条的发尘量,一般高于酸性焊条。实验证明,焊接中使用0.5 kg "E4303" 型酸性焊条的烟尘量为3.52 g,而焊接中使用0.5 kg "E5015" 型碱性焊条的烟尘量则为7.82 g。测定空气中焊接烟尘的浓度也同样证明了这一结果。例如,曾在特制的容积为2 m³的实验装置中,分别测定100 g "E4303" 型和"E5015" 型焊条燃烧时所产生的烟尘浓度,"E4303" 型焊条产生的烟尘浓度平均为477.50 mg/m³,"E5015" 型焊条产生的烟尘浓度平均为558.83 mg/m³。

209. 碱性和酸性焊条在通风不良的罐内进行焊接时,最高发烟量能达到多少?

现场测定结果表明,在没有局部抽风装置的情况下,在室内使用碱性焊条的单支焊枪焊接时,空气中焊接烟尘浓度分别可达96.6~246.6 mg/m³;采用"E4303"型酸性焊条在通风不良的罐内进行焊接时，空气中烟尘浓度为 168.5~286 mg/m^3，采用"E5015"型碱性焊条时为 226.4~412.8 mg/m^3。以上数字说明，使用碱性焊条比酸性焊条，通风不良的罐、舱内比一般厂房内空气中的焊接烟尘浓度有明显的增高。另据国外报道，在通风不良的容器内焊接，又无通风措施时，焊工呼吸带处的焊尘浓度有时高达 1 000 mg/m^3。

210. 以"E5015"和"E308-15"型焊条为例，为什么碱性焊条在焊接过程中产生氟化物较多？

"E5015"型焊条，萤石含量为 15%；"E308-15"型焊条，萤石含量高达 45%。根据焊接粉尘化学成分分析的结果，"E4303"型酸性焊条粉尘中的氟化物总量为 10%左右，而"E5015"型碱性焊条粉尘中的氟化物总量可达 25%。萤石在电弧的高温作用下可生成氟化物（$CaF_2 \cdot N_2F$），并转化为四氟化硅（SiF_4），后者可进一步生成具有强烈刺激作用的氟化氢气体。对焊条电弧焊接时现场空气中电弧焊烟气的测定，同样证实氟化物的浓度普遍较高。

211. 焊接烟尘中的氟化物为什么能够顺利进入血液？

焊接烟尘中的氟化物可经呼吸道，部分可经胃肠道吸入体内，其吸收速度与氟化物的水溶性有关。萤石以氟化钙形式存在的氟为难溶性，一般不易吸收。实验证明，焊接烟气中的游离氟化物可与焊条药皮中大量存在的碱金属结合成氟化钠和氟化钾，这些碱金属氟化物具有增强血管壁渗透作用，而且由于烟尘粒子很小（<1 nm），故能顺利深入至细支气管和肺泡，再经肺泡壁进入血液。

212. 焊工长期吸入氟及其化合物有哪些症状？

氟及其化合物对人体有刺激作用，吸入较高浓度的氟和氟化物气体或蒸气，可立即产生眼、鼻和呼吸道黏膜的刺激症状，引起流泪、眼刺痛、鼻塞、流涕、咽部灼痛、咳嗽、气急、胸痛、胸部紧迫感等，严重时还可引起化学性肺炎和肺水肿。氟化物中尤以氟化氢气体的作用更为明显，它与上呼吸道水分接触后产生氢氟酸，可产生强烈的刺激和腐蚀作用。

根据焊条电弧焊焊工的自觉反应，使用碱性焊条时，上呼吸道刺激症状比使用酸性焊条时更为明显，而且发生电焊热的比例也较高。通过对主要使用碱性焊条的焊条电弧焊焊工的动态观察，发现常见的症状有咽痛、咽干、咳嗽、咯痰、胸闷、胸憋、咯血、乏力、低烧、食欲不振和神经衰弱等。

213. 焊工怎样防治氟化氢和氢氟酸中毒？

（1）呼吸道吸入。治疗与一般酸性刺激性气体相同，大量吸入者应静脉注射葡萄糖酸钙。

（2）皮肤灼伤。用大量清水彻底冲洗，特别是指甲与皮肤交界的指甲沟等处。如有水疱应抽出其液体，并注入少量 10% 葡萄糖酸钙溶液；如有皮下组织坏死液化现象，应切开排液，并彻底清除坏死组织。如果病变在指甲下，并有疼痛，应当拔去指甲，既可解除疼痛，又可促使早愈。

（3）全身处理

1）及早静脉注射葡萄糖酸钙或氯化钙溶液，灼伤范围广泛者可适当增加剂量。

2）口服氢化可的松。

3）应用抗生素防止感染。

4）灼伤范围广泛者，治疗与重症烫伤相似，主要是防止休克、出血等。

（4）眼睛灼伤。用大量清水彻底冲洗，特别是结膜穹隆部等处。然后，间歇不断地滴入氢化可的松眼药水或涂可的松眼膏，要经常清除分泌物，角膜有溃疡穿孔时，必须由专科医院处理。

214. 什么是金属烟热？焊工金属烟热是如何产生的？

金属烟热是一种因吸入新生的金属氧化物烟尘而引起的一种全身性疾病。其主要症状是体温骤起、白细胞增高等。

这种疾病是焊工在焊接铜、锌等有色金属产生的氧化物、氧化锰微粒以及使用碱性焊条产生的氟化物烟尘等引起的。这种烟尘颗粒直径大约在 $0.05~\mu m$，通过呼吸道进入末梢支气管和肺泡，并穿透肺泡壁进入体内，刺激体温调节中枢，使机体产生发热效应。

◎**事故案例**

某年 6 月 2 日上午 9 时左右，某厂容器车间焊工在半封闭筒体内，用碱性焊条施焊，作业中无通风排毒措施，一名女焊工因焊接烟尘中毒晕倒，继而出现低烧、寒冷、恶心和口内有金属味等症状。

215. 在容器内焊接，预防烟尘中毒应采取哪些措施？

（1）操作人员进入容器内应戴有化学过滤的呼吸面具，或送风防护面罩和个人送风封闭头盔。

（2）在容器内进行焊接作业时，应有移动式通风装置。移动式通风装置中具有排烟罩的排烟系统由小型离心风机、通风软管、过滤器和排烟罩组成。

◎**事故案例**

某年 10 月一氧气球罐检修，焊工通过软梯进入氧气球罐内进行焊接，氧气球罐内壁涂有富锌涂料，在高温作用下富锌涂层气化挥发，由于没有采取通风排毒措施，作业时间较长，引起有害气体职业危害，焊工伴有中暑症状，引起胸闷、心慌、头晕等不适而停止作业。

216. 焊接车间空气中的卫生标准有哪些规定？

（1）一氧化碳含量。焊芯中的碳不完全燃烧，就可以生成一氧化碳，但量微少。现场测定结果也表明，一氧化碳浓度并不高，在焊接烟气成分中小于 1%。但若在船舱、锅炉或罐内等通风不良处焊接时，一氧化碳浓度可以高达 $4.2 \sim 15$ mg/m^3。我国规定的车间空气中一氧化碳含量的卫生标准为 30 mg/m^3。

（2）二氧化锰。据一些材料报道，国内一些单位焊接厂房的空气中二氧化锰平均浓度在 $0.65 \sim 12$ mg/m^3，在通风不良的罐内或船舱内操作时，二氧化锰浓度可高达 30 mg/m^3 以上。而我国规定的车间空气中二氧化锰含量的卫生标准为 0.3 mg/m^3。可见在缺乏必要的通风防护措施时，二氧化锰浓度远远超过卫生标准。目前高锰焊条趋于淘汰，焊接时，空气中锰浓度有所降低，但仍应给予足够的注意。

（3）氟化物。焊接烟气中的氟化物浓度波动很大，影响因素较多，这主要取决于使用焊条的类型。根据国内一些单位报道，使用碱性低氢型焊条焊接时，作业环境空气中氟化物的浓度有很大差别，低者仅为 $0.08 \sim 8.30$ mg/m^3，多数为 $16.75 \sim 51.2$ mg/m^3，个别高达 100 mg/m^3。目前我国车间空气中氟化氢或氢氟酸的盐类（换算成氟化氢）的卫生标准为 1 mg/m³。由此看来，碱性低氢型焊条的焊接烟气中所含的氟化物浓度，多数均较高，超过卫生标准较多。

217. 操作等离子或氧-乙炔切割机时，如何防止有毒烟尘的危害？

（1）切割区要有良好的排烟设施。

（2）切割镀锌金属时，要戴上相应的呼吸面具，使用相应的排气装置。

（3）在切割含有或喷涂含有金属锌、铅、镉、铍等材料时，必须戴上呼吸装置或防毒面具。

（4）在切割前清除工作区内所有的氯化剂，当氯化剂遇到紫外线就会挥发形成有害的碳硒氯化体。

（5）在切割盛装有毒材料容器前，必须将里面的有毒材料彻底清除干净，并经具有相关资质的检验部门检验合格，确认无有毒材料后方可进行切割。严禁切割盛装不明物质的容器，以免发生中毒事故。

218. 气焊工和气割工应怎样预防中毒？

（1）由于钢材本身含有合金元素，钢材上经常涂有各种底漆和防腐涂层，气焊有色金属用的焊丝、焊粉等含有一定数量的铝、锌、锰、镉、氟或铜等元素和化合物，在高温下会形成部分有毒气体和金属烟尘。在这种情况下，操作人员要根据有害物质的毒性和浓度，戴上口罩或防毒面罩进行防护，工作场地要注意通风。

（2）在容器内操作时，燃烧不充分会造成一氧化碳中毒，要加强通风排毒，并派人在外面进行监护。

（3）在工作场所不要抽烟，饭前要洗手。

219. 气焊工和气割工操作时，为什么要采取通风降温?

夏季进行操作时，特别是在狭小的工作场地和容器中操作，由于高温和散热条件较差，操作者很容易中暑，因此工作时间不能太长，适当地出来休息一下，或者调换他人进行操作，并要采取相应的通风降温和保健措施。

220. 高频电磁辐射有哪些危害?

随着氩弧焊接和等离子弧焊接的广泛应用，在焊接过程中存在着一定强度的电磁辐射，构成对局部生产环境的污染。

钨极氩弧焊和等离子弧焊为了迅速引燃电弧，需由高频振荡器来激发引弧，此时，振荡器要产生强烈的高频振荡，击穿钍钨极与喷嘴之间的空气隙，引燃等离子弧；另外，又有一部分能量以电磁波的形式向空间辐射，即形成高频电磁场。所以在引弧的瞬间（2~3 s）有高频电磁场存在。

人体在高频电磁场的作用下，能吸收一定的辐射能量，产生生物学效应，这就是高频电磁场对人体的"致热作用"。此"致热作用"对人体健康有一定影响，长期接触场强较大高频电磁场的工人，会引起头晕、头痛、疲乏无力、记忆减退、心悸、胸闷、消瘦和神经衰弱及自主神经功能紊乱。血压早期可有波动，严重者血压下降或上升（以血压偏低为多见），白细胞总数减少或增多，并出现窦性心律不齐、轻度贫血等。

钨极氩弧焊和等离子弧焊时，每次启动高频振荡器的时间只有2~3 s，每个工作日接触高频电磁辐射的累计时间在 10 min 左右。接触时间又是断续的，因此高频电磁场对人体的影响较小，一般不足以造成危害。但是，考虑到焊接操作中的有害因素不是单一的，所以仍有采取防护措施的必要。对于高频振荡器在操作过程中连续工作的情况，更必须采取有效和可靠的防护措施。

在不停电更换焊条时，高频电会使焊工产生一定的麻电现象，这在高空作业时是很危险的。所以，高空作业不准使用带高频振荡器的焊机进行焊接。

221. 如何做好高频电磁辐射的安全防护？

（1）工件良好接地。施焊工件良好接地，能降低高频电流，这样可以降低电磁辐射强度。接地点与工件越近，接地作用则越显著，它能将焊枪对地的脉冲高频电位大幅度地降低，从而减小高频感应的有害影响。

（2）在不影响使用的情况下，降低振荡器频率。

（3）减少高频电的作用时间。若振荡器旨在引弧，可以在引弧后的瞬间立即切断振荡器电路。其方法是用延时继电器，于引弧后10 s内使振荡器停止工作。

（4）屏蔽把线及软线。因脉冲高频电是通过空间和手把的电容耦合到人体上的，所以加装接地屏蔽能使高频电场局限在屏蔽内，可大大减少对人体的影响。其方法为采用细铜质金属编织软线，套在电缆软管外面，一端接于焊枪，另一端接地。焊接电缆线也需套上金属编织线。

（5）采用分离式握枪。把原有的普通焊枪，用有机玻璃或电木等绝缘材料另接出一个把柄，这样做也有屏蔽高频电的作用，但效果不如屏蔽把线及导线理想。

（6）降低作业现场的温、湿度。作业现场的环境温度和湿度，与射频辐射对机体的不良影响具有直接的关系。温度越高，机体所表现的症状越突出；湿度越大，越不利于人体的散热，也不利于作业人员的身体健康。所以，加强通风降温，控制作业场所的温度和湿度，是减小射频电磁场对机体影响的一个重要手段。

222. 噪声对人体有哪些危害?

噪声存在于一切焊接工艺中，其中以等离子切割、等离子喷涂、爆炸焊等的噪声强度更高。噪声已经成为某些焊接与切割工艺中存在着的主要职业性有害因素。

噪声对人的危害程度，与下列因素有直接关系：噪声的频率及强度，噪声频率越高，强度越大，危害越大；噪声源的性质，在稳态噪声与非稳态噪声中，稳态噪声对人体作用较弱；暴露时间，在噪声环境中暴露时间越长，则影响越大。此外，还与工种、环境和身体健康情况有关。

噪声在下列范围内不致对人体造成危害：频率小于 300 Hz 的低频噪声，容许强度为 90~100 dB（A）；频率在 300~800 Hz 的中频噪声，容许强度为 85~90 dB（A）；频率大于 800 Hz 的高频噪声，容许强度为 75~85 dB（A）。噪声超过上述范围时将造成以下伤害。

（1）噪声性外伤。突发性的强烈噪声，如爆炸、发动机启动等，能使听觉器官突然遭受到极大的声压而导致严重损伤，出现眩晕、耳鸣、耳痛、鼓膜内凹、充血等，严重者造成耳聋。

（2）噪声性耳聋。这是由于长期连续的噪声而引起的听力损伤，是一种职业病。有两种表现：一种是听觉疲劳，在噪声作用下，听觉变得迟钝、敏感度降低等，脱离环境后尚可恢复；另一种是职业性耳聋，自觉症状为耳鸣、耳聋、头晕、头痛，也可出现头胀、失眠、神经过敏、幻听等症状。

（3）对神经、血管系统的危害。噪声作用于中枢神经，可使神经紧张、恶心、烦躁、疲倦。噪声作用于血管系统，可使血管紧张、血压增高、心跳及脉搏改变等。

223. 对噪声应采取哪些防护措施?

对于等离子弧焊接、切割和喷涂等工艺，必须对噪声采取防护措施，主要有以下手段。

（1）等离子弧焊接工艺产生的噪声强度与工作气体的种类、流量等有关，因此应在保证工艺正常进行、符合质量要求的前提下，选择一种低噪声的工作参数。

（2）研制和采用适用于焊枪喷出口部位的小型消声器。考虑到这类噪声的高频性，采用消声器对降低噪声有较好效果。

（3）操作者佩戴隔音耳罩或隔音耳塞等个人防护器具。耳罩的隔音效能优于耳塞，但体积较大，戴用时稍感不便。

（4）在房屋结构、设备等处采用吸声或隔音材料。采用密闭罩施焊时，可在屏蔽上衬以石棉等消声材料，有一定的防噪效果。

（5）爆炸焊时，作业地点通常都选在远离居民区的偏远地带，必要时，挖一深坑，将爆炸焊接装置放在坑中，装药完成后，用废旧胶带等将坑封口，在上面覆盖不夹杂小石子的湿土或湿沙，以减少噪声的影响。

224. 射线对人体有哪些危害?

焊接工艺过程中的放射性危害，主要是指氩弧焊与等离子弧焊的钍放射性污染和电子束焊接时的 X 射线。

人体内水分占体重的 70%~75%。水分能吸收绝大部分射线辐射能，只有一小部分辐射能直接作用于机体蛋白质。当人体受到的辐射剂量不超过容许值时，射线不会对人体产生危害。但是人体长期受到超容许剂量的外照射，或者放射性物质经常少量进入并蓄积在体内，则可能引起病变，造成中枢神经系统、造血器官和消化系统的疾病，严重者可患放射病。

氩弧焊和等离子弧焊在焊接操作时，基本的和主要的危害形式是钍及其衰变产物呈气溶胶和气体的形式进入体内。钍的气溶胶具有很高的生物学活性，它们很难从体内排出，从而形成内照射。真空电子束焊接过程中产生的 X 射线，具有一定的穿透能力，焊接操作中需要观察焊件，进行调距和对线等，这些操作往往要靠近电子束而使操作者接触到 X 射线。实际测量结果表明，真空电子束发射的 X 射线光子能量比较低，这种低能的 X 射线一般只会对人体造成外照射，危害程度较低，主要是引起眼睛晶状体和皮肤的损伤，长期受超容许剂量照射可产生放射性白内障和放射性皮炎等。如果操作者长期接受较高能量的 X 射线照射，则可引起慢性辐射损伤，出现神经衰弱症候群和白细胞下降等疾患。

225. 射线的防护措施有哪些?

对氩弧焊和等离子弧焊的放射性测定结果，一般都低于最高允许浓度。但是在钍钨棒磨尖、修理时，特别是储存地点放射性浓度大大高于焊接地点时，可达到或接近最高允许浓度。

由于放射性气溶胶、钍粉尘等进入体内所引起的内照射，将长期危害机体，所以对钍的有害影响应当引起重视，采取有效的防护措施，防止钍的放射性烟尘进入体内。防护措施主要有以下几个方面。

（1）综合性防护。如对施焊区实行密闭，用薄金属板制成密闭罩，将焊枪和焊件置于罩内，罩的一侧设有观察防护镜。使有毒气体、金属烟尘及放射性气溶胶等，被最大限度地控制在一定的空间内，通过排气系统和净化装置排到室外。

（2）焊接地点应设有单室，钍钨棒储存地点应固定在地下室封闭式箱内。大量存放时应藏于铁箱里，并安装通风装置。

（3）应备有专用砂轮来磨尖钍钨棒，砂轮机应安装除尘设备。砂轮机地面上的磨屑要经常作湿式扫除并集中深埋处理。地面、墙壁最好铺设瓷砖或水磨石，以利于清扫污物。

（4）选用合理的工艺，避免钍钨棒的过量烧损。

（5）接触钍钨棒后，应用流动水和肥皂洗手，工作服及手套等应经常清洗。

（6）真空电子束焊的防护重点是 X 射线。首先是焊接室的结构应合理，采取屏蔽防护。目前国产电子束焊机采用的是用低碳钢、复合钢板或不锈钢等材料制成的圆形或矩形焊接室。为了便于观察焊接过程，焊接室应开设观察窗。观察窗应当用普通玻璃、铅玻璃和钢化玻璃等作三层保护，其中铅玻璃用来防护 X 射线，钢化玻璃用于承受真空室内外的压力差，而普通玻璃经受金属蒸气的污染。

为防止 X 射线对人体的损伤，真空焊接室应采取屏蔽防护。从安全和经济观点考虑，以及现场对 X 射线的测定情况来看，屏蔽防护应尽量靠近辐射源部位，即主要是真空焊接室壁应予以足够的屏蔽防护，真空焊接室顶部电缆通过处和电子枪亦应加强屏蔽防护。

此外，还必须强调加强个人防护，操作者应佩戴铅玻璃眼镜，以保护眼的晶状体不受 X 射线损伤。

226. 焊工如何选择眼睛、头部的防护用品?

（1）为防止焊接弧光和火花烫伤的危害，应根据《焊接眼面防护具》（GB/T 3609.1—2008）的要求，选用合乎作业条件的护目镜。

（2）焊工用的面罩有手持式和头戴式两种，其面罩的壳体应该由难燃或不燃的、无刺激皮肤的绝缘材料制成，罩体应能够遮住脸面和耳部，结构牢靠并且无漏光。

（3）头戴式面罩用于各类电弧焊或登高焊接作业，其质量不应超过 500 g。

（4）辅助焊工应根据工作条件选戴与遮光性能相适应的面罩和防护眼镜。

（5）气焊、气割作业，应根据焊接、切割工件板的厚度，选用相应型号的防护眼镜片。

（6）焊接、切割的准备和清理工作，如打磨坡口、清除焊渣等，应该使用不容易破碎的防渣眼镜。

227. 焊工如何选用工作服?

（1）焊工的工作服应该根据焊接与切割的工作特点来选用。

（2）棉帆布的工作服广泛用于一般的焊接、切割工作，工作服的颜色为白色。

（3）气体保护焊在电弧紫外线的作用下，能产生臭氧等气体，所以，应该穿用粗毛呢或皮革等面料制成的工作服，以防焊工在操作中被烫伤或体温增高。

（4）从事全位置焊接工作的焊工，应该配备用皮革制成的工作服。

（5）在仰焊、气割时，为防止火星、焊渣从高处溅落到焊工的头部和肩上，焊工应在颈部围毛巾，穿着用防燃材料制成的护肩、长袖套、围裙和鞋盖等。

（6）焊工穿用的工作服不应潮湿，工作服的口袋应有袋盖，上身应遮住腰部，裤长应罩住鞋面，工作服不应有破损、孔洞和缝隙，不允许沾有油脂。

（7）焊接与切割作业用的工作服，不能用一般合成纤维织物制作。

228. 对焊工戴的手套和穿的鞋有哪些要求？

（1）焊工使用的手套应选用耐磨、耐辐射的皮革或棉帆布和皮革合制材料制成，其长度不应小于 300 mm，要缝制结实。焊工不应戴有破损和潮湿的手套。

（2）焊工在可能导电的焊接场所工作时，所用的手套应由具有绝缘性能的材料（或附加绝缘层）制成，并经耐电压 5 000 V 试验合格后方能使用。

（3）焊工手套不应沾有油脂。焊工不能赤手更换焊条。

（4）焊工的防护鞋应具有绝缘、抗热、不易燃、耐磨损和防滑的性能。

（5）焊工穿用的防护鞋橡胶鞋底，应经过耐电压 5 000 V 的试验合格，如果在易燃易爆场合焊接时，鞋底不应有鞋钉，以免产生摩擦火星。

（6）在有积水的地面焊接与切割时，焊工应穿经过耐电压 6 000 V 试验合格的防水橡胶鞋。

229. 焊工操作所用的其他防护用品有哪些？

（1）电弧焊、切割工作场所，由于弧光辐射，焊渣飞溅，影响周围视线，应设置弧光防护室或护屏。护屏应选用不燃材料制成，其表面应涂上黑色或深灰色油漆，高度不应低于 1.8 m，下部应留有 250 mm 流通空气的空隙。

（2）焊工在登高或在可能发生坠落的场合进行焊接、切割时，所用的安全带应符合《坠落防护　安全带》（GB 6095—2021）的要求，安全带上安全绳的挂钩应挂牢。

（3）焊工用的安全帽应符合《头部防护　安全帽》（GB 2811—2019）的要求。

（4）焊工使用的工具袋、桶应完好无孔洞，焊工常用的锤子、铲、钢丝刷等工具应连接牢固。

（5）焊工所用的移动式照明灯具的电源线，应采用 YQ 或 YQW 型橡胶套绝缘电缆，导线完好无破损，灯具开关无漏电。电压的大小应根据现场的情况确定，或用 12 V 的安全电压，灯具的灯泡应有金属网罩防护。

230. 焊条电弧焊时应使用哪些防护用品？

进行焊条电弧焊操作时为防止灼伤，应穿戴防护服。防护服一般多用白色帆布做成，借以防止紫外线和热的吸收。头戴帆布帽。鞋上应带鞋盖，以防熔化金属飞溅进鞋内引起灼伤。为了保护双手，操作时必须戴焊接皮手套。

231. 为什么要穿戴劳动防护用品？

职工在生产劳动时要按规定穿戴防护用品，否则不准进入生产岗位。这既是生产安全的需要，也体现了国家对职工生命安全的重视。劳动防护用品种类繁多，它们的性能和作用是各不相同的。应穿戴哪一种防护用品，要根据工作性质、生产情况、操作条件和实际存在的危险性来决定，绝不能随便滥用。

232. 焊工进入容器内为什么必须佩戴规定的防护用具?

进入容器设备内工作，危险因素很多，即使采取措施，仍会有一些不安全因素无法排除干净或难以预见。例如，在制酸企业，焊工进入酸罐、酸塔、管道检修，其酸液、酸雾无法清除干净，某些有毒有害物质因动火高温可二次挥发等。从这个意义上来说，焊工佩戴规定的防护用具是防止自身免遭危害的最后一道防线。因此，必须正确佩戴和使用。防护用具主要用来防尘、防毒、防腐蚀、防触电、防高空坠落、防物体打击等。例如，毒物对人的伤害主要是以烟尘、雾、气体的形式，通过皮肤和呼吸道进入人体。有些物质还会直接对眼睛、皮肤造成伤害。焊工按规定佩戴防护用具后，就可防止这种伤害。

233. 焊工为什么要戴白光眼镜?

焊工戴白光眼镜有以下两大好处。

（1）白玻璃有过滤紫外线的作用，戴白光眼镜在极短时间内能起防止电弧光引起电光性眼炎的作用（但不是绝对的）。

（2）防止飞溅、熔渣等异物伤眼，尤其在刨除红炽的熔渣时更有用处。熔渣伤眼是很厉害的，轻则烧伤溃疡，重则造成失明。戴眼镜是焊工保护眼睛必不可少的一项安全措施。

234. 减少焊工职业病，可采取哪些措施?

（1）改革工艺焊条。

（2）加强机械通风。

（3）改善作业环境。

（4）加强个人防护。

（5）搞好卫生保健。

235. 焊接通风措施必须符合哪些要求?

（1）车间内施焊时，必须保证在焊接过程中所产生的有害物质及时排出，保证车间作业地带通风良好。

（2）已被污染的空气，原则上不应排放到车间内。对于密闭容器内施焊时所产生的有害气体，因条件限制只能排放到室内时，须经净化处理。

（3）有害气体、金属氧化物等抽排到室外大气前，原则上应经净化处理，否则将对大气有所污染。

（4）冬季采用通风措施必须保证室温在规定范围内，以保证采暖的需要。

（5）设计时要考虑现场及工艺等具体条件，不得影响施焊或破坏环境。

（6）应便于拆卸和安装，满足定期清理与修配的需要。

236. 焊接车间排放电焊烟尘和有毒气体的措施有哪些?

焊接车间全面通风是焊接车间排放电焊烟尘和有毒气体的措施，可分为下抽排烟、上抽排烟和侧抽排烟三种，如图7-1所示。

（1）下抽排烟。将室外空气从车间顶部送入，室内空气随着送入的空气流经车间地表排出，如图7-1a所示。这种排烟方式对作业场所的污染最小，但由于送入空气与车间上升的烟气流动方向相反，需消耗较大的能量，应选用流量和风速较大的风机。该法适用于新建的焊接车间。

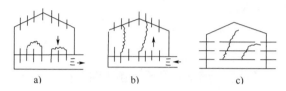

图 7-1　焊接车间全面通风示意图

a）下抽排烟　b）上抽排烟　c）侧抽排烟

（2）上抽排烟。将室外空气从车间地表送入，室内空气随着送入的空气流从屋顶排出，如图 7-1b 所示，利用上抽排烟方式实现焊接车间的全面通风，对工人作业地带仍有一些污染。该法适用于新建的焊接车间。

（3）侧抽排烟。将室外空气从车间一侧送入，横穿车间，从另一侧排出，如图 7-1c 所示。这种排烟方式对作业空间仍有一定污染，而且必然造成上风向工作地点的空气较下风向的洁净。该法适用于老厂房改造。

237. 焊接工作地局部通风有哪两种形式?

焊接工作地局部通风有局部送风和局部排风两种形式。

（1）局部送风。局部送风是把新鲜空气或经过净化的空气，送入焊接工作地带。它用于送风面罩、口罩等，有良好的效果。目前生产上仍有采用电风扇直接吹散电焊烟尘和有毒气体的送风方法，尤其多见于夏天。这种局部送风方法，只是暂时地将弧焊区的有害物质吹走，仅起到一种稀释作用，而且可造成整个车间的污染，达不到排气的目的。局部送风使焊工的前胸和腹部受电弧热辐射作用，后背受冷风吹袭，容易引发关节炎、腰腿痛和感冒等疾病。所以，这种通风方法不应采用。

（2）局部排风。局部排风是效果较好的焊接通风措施，有关部门正在积极推广。这种排风系统的结构如图 7-2 所示。局部排烟罩用来捕集电焊烟尘和有毒气体，为防止大气污染而设置净化设备，风机是促使通风系统中空气流动的动力，系统中还有风管等部件。

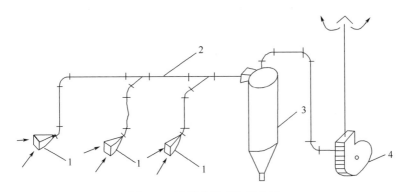

图 7-2　局部排风系统示意图

1—局部排烟罩　2—风管　3—净化设备　4—风机

238. 常用局部排风装置的结构形式有哪几种类型?

（1）固定式排烟罩。如图 7-3 所示，有上抽、侧抽和下抽三种。这类排风装置适合于在焊接操作地点固定、焊件较小的情况下采用。其中下抽的排风方法使焊接操作方便，排风效果也较好。

（2）可移式排烟罩。这类通风装置结构简单轻便，可以根据焊接地点和操作位置的需要随意移动。焊接时将吸风头置于电弧附近，开动风机就能有效地把有毒气体和烟尘吸走。在密闭船舱、化工容器和管道内施焊，或在大作业厂房非定点施焊时，采用移动式排烟罩有良好的排除效果。如图 7-4 所示为可移式排烟罩在化工容器内施焊时的应用情况。

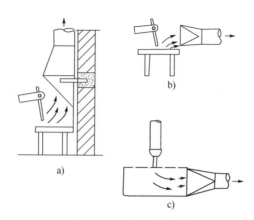

图 7-3　固定式排烟罩

a）上抽　b）侧抽　c）下抽

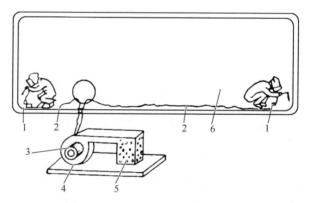

图 7-4　可移式排烟罩的应用

1—排烟罩　2—软管　3—电动机　4—风机　5—过滤器　6—化工容器

（3）多吸头排烟罩。这类排烟罩适用于焊接大而长的焊件时排除有害气体、粉尘等的情况，如图 7-5 所示。它要求排气支管可根据焊件大小和高低做相应调整，或根据焊件长短调节排气口。排除的有害物质必须做净化处理。

（4）隐弧排烟罩。如图 7-6 所示为等离子弧焊隐弧排烟罩。隐弧排烟罩用屏蔽板作密闭罩体，罩体上方或侧后方设置一个排气系统，排除有害物质。但必须控制风速和风压，以保证保护性气体层不被破坏，使操作得以正常进行，保证焊缝质量。为了便于观察、控制和调节，密闭罩的前方设置一个装有防护镜片的观察窗。

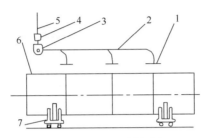

图 7-5　多吸头排烟罩

1—排烟罩　2—排烟管路　3—风机　4—净化器　5—排出口

6—容器　7—转动轮

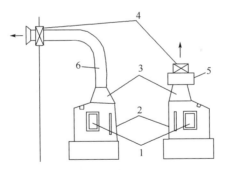

图 7-6　等离子弧焊隐弧排烟罩

1—观察窗　2—罩体　3—导风管　4—风机　5—净化器　6—排烟调节板

（5）气力引射器。气力引射器的排烟原理是利用压缩空气从主管中高速喷射，造成负压区，从而将电焊烟尘和有毒气体吸出，如图 7-7所示。它可以应用于容器、锅炉等的焊接，将污染气体进口插入容器的孔洞（如人孔、手孔、顶盖孔等）即可，效果良好。

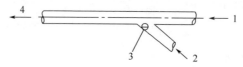

图 7-7　气力引射器

1—压缩空气进口　2—污染气体进口　3—负压区　4—排出口

气力引射器也可以用作其他通风排烟装置的风源。

（6）排烟焊枪。其特点是将排烟罩直接附加在焊枪头部的喷嘴上面（比喷嘴高约 18 mm），如图 7-8 所示。焊接时由软管抽出电焊烟尘和有毒气体，经过滤系统排放，排烟效果显著。抽气泵风量可小到 1.1~1.7 m^3/min，但枪体稍重。它适用于二氧化碳气体保护焊等半自动焊和自动焊。

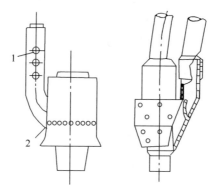

图 7-8　排烟焊枪

1—阀孔　2—辅助孔

239. 可移式排烟罩有几种类型？

可移式排烟罩的排烟系统是由小型离心风机、通风软管、过滤器和排烟罩组成。目前应用较多、效果较好的有以下几种。

（1）净化器固定吸头移动型。此类排烟罩采用风机和过滤装置，吸风头通过软管可以在一定范围内随意移动，其排烟系统如图7-9所示。这种排烟罩用于大作业厂房非定点施焊比较适合，吸风头可随焊接作业地点移动。

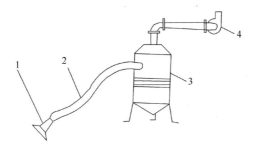

图7-9　净化器固定吸头移动型

1—吸风头　2—软管　3—过滤器　4—风机

（2）风机与风头移动型。此类排烟罩的风机、过滤器和吸风头都可根据焊接操作的需要随意移动，使用方便灵活，效果显著，如图7-10所示。其抽风效果主要靠调节吸风头与电弧间的距离。

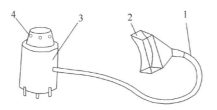

图7-10　风机与吸头移动型

1—软管　2—吸风头　3—净化器　4—出气孔

使用可移式排烟罩时，必须有净化过滤设备，或与整体抽排系统结合起来，否则只是将有害毒物"搬家"，仍会污染车间的空气。为了减少有害毒物的影响，操作者应面对吸风口操作。当操作场所有一定风向时，应位于上风侧操作。

240. 送风式焊接面罩有何特点?

个人防护措施是使用包括眼、耳、口鼻、身各个部位的防护用品以达到确保焊工身体健康的目的。其中工作服、手套、鞋、眼镜、口罩、头盔和防耳器等属于一般防护用品，比较常用。送风式焊接面罩属于特殊防护用品，用于通风不易解决的特殊作业场合，如封闭容器内的焊接作业。

送风式焊接面罩是在一般电焊头盔（或面罩）的里面，于鼻口部位装设一个由轻金属或有机玻璃薄板制成的送风盒，其表面钻若干个直径为 1 ~ 2.5 mm 的出风孔，输风压力一般可控制在 0.06 ~ 0.1 MPa，如图 7-11 所示。焊接时由此输入压缩空气，空气由筛孔均匀散出吹向口鼻部位，使烟尘逸散。送风管是根直径为 0.8 mm 的塑料软管，送风管的近体一端有控制风量的调节阀，焊工可根据需要自行调节风量。冬季使用时，应附有送风加温设备。这种送风面罩可使所呼吸空气中的有害气体减少 37% ~ 45%。

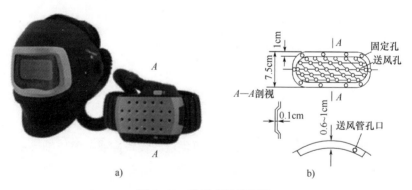

图 7-11 送风式焊接面罩

a) 外形图 b) 结构尺寸图

241. 输入空气式防毒面具有哪几种类型？有何作用？

输入空气式防毒面具有自吸式和送风式两种。它是通过人体肺力或机械动力从清洁环境中引入干净空气，供人正常呼吸。它具有经济和简单可靠的特点，一般用于容器内工作或从事喷砂、焊接、气焊和防腐蚀等工作场所。

自吸式面具管长不超过 10 m。超过 10 m 时，应使用送风式面具，用鼓风机或空气压缩机送入空气，此时管长可达 100~200 m。

242. 泡沫塑料送风面罩的特点是什么？

泡沫塑料送风面罩是在普通焊工面罩内镶嵌一块适合于面部形状的泡沫材料，由于面罩内的泡沫材料有一定弹性，故能与面部较严密接触，可以隔离焊接时的有害气体。有一根送风软管经过面罩内部空腔，送入压缩空气，由管壁上许多小孔喷出，然后在眼、鼻、口周围流动，再由泡沫面罩外口排出。由于面罩内腔与外部有一定压差，故呼气时不感到有阻力。